悦 读 丛 书
媒介与大众文化系列

浙江省社科联社科普及及课题成果
21KPWT03ZD-10YB

杠精的诞生

信息茧房与大众心理

吴晓平　著

ZHEJIANG UNIVERSITY PRESS
浙江大学出版社
·杭州·

图书在版编目（CIP）数据

杠精的诞生：信息茧房与大众心理 / 吴晓平著. ——
杭州：浙江大学出版社，2023.9（2025.7重印）.
ISBN 978-7-308-23687-4

Ⅰ.①杠… Ⅱ.①吴… Ⅲ.①诡辩—研究 Ⅳ.①B812.5

中国国家版本馆CIP数据核字(2023)第067616号

杠精的诞生：信息茧房与大众心理

吴晓平 著

责任编辑　顾　翔

责任校对　陈　欣

封面设计　VIOLET

出版发行　浙江大学出版社

　　　　　（杭州市天目山路148号　　邮政编码　310007）

　　　　　（网址：http://www.zjupress.com）

排　　版　杭州林智广告有限公司

印　　刷　浙江新华数码印务有限公司

开　　本　710mm×1000mm　1/16

印　　张　11.25

字　　数　164千

版 印 次　2023年9月第1版　2025年7月第4次印刷

书　　号　ISBN 978-7-308-23687-4

定　　价　68.00元

浙江大学出版社市场运营中心联系方式：0571-88925591；http://zjdxcbs.tmall.com

总　序

　　一直以来，我们对大众文化的感知总是宏大而模糊，它是音乐、电视、电影，也是某段时间的社会流行，还是群体共享的价值观，它似乎包罗万象，却又不可触及。在关于大众文化的诸多表达中，媒介文化是大众文化发展到一定阶段后出现的新型文化形式，涉及的领域十分庞杂，又依托新型网络技术，演化出无限丰富的内涵。这些新技术不仅融合了多种传播媒介，更创造出一个泛在的、多元化的媒介环境，在潜移默化中改变了大众文化的表现形态，调整了媒介与人类社会的关系。自此，大众文化不再是一个模糊空洞的术语，而是一种与新兴媒介共生的特殊生活方式。

　　清晨唤醒我们的可能不是晨曦鸟鸣，或是石英闹钟的嘀嘀哒哒，而是手机传出的自定义音乐。起身后，查看微信留言成了几乎所有人的习惯。从广播电视的早间新闻节目中获知天下大事已经太过滞后，人们开始习惯登录新浪微博、抖音或其他手机APP，看看身边发生了什么趣事、世界起了怎样的变化。而这样的"查看"会在一天剩下的碎片时间内上演很多次，成为下意识的肌肉行为。天各一方的朋友不必焦急期盼着见字如晤，一个视频电话就能让大家促膝长谈。而借着网络一线牵，内向的人不必再害怕社交，陌生人也能迅速热络起来。于是信箱里的报纸和信件消失了，快递柜里的网购包裹成就了每日的惊喜。操场上玩泥巴的小朋友不见了，虚拟世界里开黑联排的"战友们"增多了。纸和笔虽然未被弃用，但电脑等生产力工具成了人们的不二选择。唱片、磁带和录像带上都落了灰尘，剧场的时间难合心意，倒不如打开平板，戴上耳机，隔绝外界干扰，沉浸在一场场视听盛宴中……如果有个从100年前意外来到2022年的穿越者，他一定会惊讶于所看到的一切，但对于我们大多数人来说，这些与新媒介共生的情景稀松平常得如同吃饭饮水，白叟黄童皆享乐其间。

毋庸置疑，媒介文化已然渗透至日常生活的方方面面，以至于很多时候，我们很难跳出现有的视角审视和理解它所带来的巨大影响，甚至会忘记自身正处在一个由媒介环绕的世界中。也正是这种潜移默化的、沉浸式的生活体验，让媒介几乎主宰了我们每一天的心得体悟。

既然我们已经发现了媒介文化已经深刻融入现代人的生活方式，就需要继续讨论这种参与的价值及后续影响。社会化理论认为，人的一生都需要不断提高自身的社会化程度，学习生活技能和工作技能，培养沟通能力和思辨能力，内化社会主流价值观，以便更好地适应现在及未来的社会生活。个人的社会化不是刻意而为的教学，也没有限定场景，在个人与他人、个人与环境的交互中，社会化进程会自然而然地向前推进。美国传播学者查尔斯·赖特认为，现代人社会化的场景除了家庭、学校等人际交往圈层，还有特定的大众传播环境。除了社会化功能，环境监视、解释与规定，以及提供娱乐也是大众传播的重要功能，即媒介"四功能说"。换言之，媒介对个人生活的参与程度远比想象中的深远：它不仅提供了现代化生活方式的范例，还是我们愉悦自身、获得身份认同、内化社会价值观、感知所处环境并做出恰当回应的关键场景。

这样的关键场景正随着大数据、5G、AI等新网络技术的更迭发展而扩大，赋予了媒介文化更强劲的生命力。人们的生活方式和社会认知模式不断更新，迫使各行各业自我变革以适应时代发展，新产业、新业态层出不穷，提升了我们的生活创新力。无论是年轻人还是银发族，都越来越离不开媒介带来的全新体验，甚至主动参与至媒介文化传播中，以满足在工作、生活、精神娱乐等方面的独特需求，媒介文化也由此重塑了我们思考、沟通和交往的方式。也就是在这样的紧密相连中，媒介与我们的关系出现了一定程度的扭曲。

　　看不见的网络通过一个个数字信号拉近了人与人之间的距离，却悄无声息地异化了正常的社交距离和尺度。海量的网络信息使人们足不出户便可领略广袤世界，却也在潜移默化间禁锢了人们的视野。一些严肃讨论日渐娱乐化，思想碰撞退化为非理性诡辩，以热爱限制自由，以立场判定是非功过。庸俗的暗语和难懂的缩写如病毒般蔓延，暴戾逐渐填充网络空间。大概这就是为何有人以"娱乐至死"来总结当下，并将祸水源头归于网络文化兴盛吧。尤其当青少年成为网络文化的主要受众时，人们的担忧更增加了几分。青少年正处在生理心理急速发展、人际交往和外部环境交替变化的"风暴"期，时刻徘徊于矛盾与挑战间。由于媒介对日常生活的全方位浸染，他们不可避免地开始独立接触互联网和大众文化，甚至有时更把网络当作他们逃避现实世界的空间，只是他们的初级社会化进程尚未完成，未能形成独立思考、理性判断的能力，容易被各类网络事件误导。知悉了这些，对青少年群体媒介参与的正确引导就显得格外重要。

　　那么，在媒介文化传播与人类社会联系愈加紧密的今天，媒介文化应被视为人类进步的推力还是阻碍？不同年龄层的人们如何参与至媒介文化中？网络文化给他们带来了怎样的影响？我们又该如何面对网络中复杂的传播现象和事件？当越来越多的人开始思考这些问题时，本套媒介与大众文化系列图书的出现恰逢其时。本套丛书力图通过揭示媒介文化的形成机制来引导读者认识复杂的文化现象，培养理论洞察力和批判能力，拓宽视野。本套丛书选择了10个人们日常关注并参与的话题，希望通过对具体个案的描述和分析，对传播学的基本理论做深入浅出的解读，帮助读者学会以传播学的视角辩证地思考周遭发生的事件，进而萌生对传播行业的兴趣。

浙江大学求是特聘教授
吴飞

自　序

　　互联网已经成为我们日常生活的标配，其作为基础设施不仅成为我们赖以生存之物，更成为我们的精神宣泄地，每个人都在这个地球村落中划取了一块自留地。当互联网的城池日渐牢固，当算法成为标配，网络自由和乌托邦精神背后的真实和价值似乎消散而去，网络成为短暂而狂热的人们找寻同路人的场域。他们狂热、偏执，充满表达欲，他们也同样情绪漂移，观点与标签显然是最喜欢、最受欢迎的捷径与答案。

　　研究网络中的人们，古斯塔夫·勒庞的《乌合之众：大众心理研究》成了人们第一本参考书，指责在网络中的人们犹如彼时的法国民众一般：在群体中，个性被吞噬，群体的思想取代了个人意志，群体普遍有着情绪化、无异议、低智商的特点。《群氓之族：群体认同与政治变迁》《狂热分子：群众运动圣经》等著作让社会群体成为所有社会问题与舆论压力的承担者。前者在网络时代成为科普书，人们仿佛看到了时代映射，叫喊着：是他们的错！自1999年起，哈佛大学法学教师卡斯·桑斯坦的《信息乌托邦》《网络共和国》更加深了人们对群体极化的刻板印象：个人在进化过程中习得的包含了回避风险和损失的保守倾向的认知偏差，在群体中会变得荡然无存，不论是"沉默螺旋"还是"少数派决定"，任由群体决策都会变得冒险，不论是更加极端还是更加保守。

　　论点、论据、论证模糊不清也是群体极化的重要条件。"后真相时代"事实匮乏，助推人们众声喧哗地谈论自己信以为真的世界。大声争论时，每个人都急切地想要说服对方，用情感取代理性，自然管不得什么是逻辑和论证，更何况我们在清醒之时，也不见得逻辑理性有多么合理。在判断正误时，我们总是习惯于在是非对错间画一条二元对立的界线——与我相反，自然是错误之源。

然而，我们每个人的世界又是那么千变万化，从大众报业时代沃尔特·李普曼的《舆论》到今天谈论观点如何被左右，我们渐渐意识到自己所面对的那个世界的感性，人们都沉浸在自己的世界中，与无数个自己对话。只是人本身的惰性和倾向使人们本来就容易被兴趣引导，而蜂拥而至的大数据与算法又加速了茧房的形成。我们被困住了，主动或被动，我们却乐在其中而不自知，尽管看到的东西越来越碎片化、片面化，我们却习惯针对这样残缺的世界图景，做出这样或者那样的判断。尘世繁杂，我们却以一个简单抽象的标签来指代所有的事物。"杠"和"杠精"便是我们对那些"不和谐"的声音和人的称呼。看不见摸不着，似乎也没有人愿意领用这个称谓，但是它们却好像总是围绕在身边。

带着想要了解当今网络生态的满腹疑问，我们走向了这个被人避之不及的群体。

第一章，我们从词源考古出发，探索"杠"和"精"二字的由来，不论其原先是中性还是褒义，这两个字的当代意味都带有深深的贬义色彩，二者的组合体就更具备了一种强大的标签力量。这种言辞和命名的游戏自古以来就有，并非网络时代的产物，在海外则有其新生名字——"负面螺旋"。凭借着各种逻辑谬误和充满情感的语言，杠精群体显而易见地把自己在追求和谐与自我的网络文化中标注出来。杠精外的另一方，则凭借着技术与网络赋权，对所有不和谐的和弦音加以区隔，对照归因，施以标签。媒介的话题制作也显然创造了一种社会污名与区隔的方式，让意见的公开交流变得更为内敛与谨慎。

在第二章中我们探讨了杠精的社会心态缘起。我们认为是认知世界的差异，辅以突如其来的网络化大潮，以及平台资本对于高流量言论的宽容，甚至是自身介入打造富有民族主义和民粹主义的圈层意见，导致舆论氛围剑拔弩张。社交网络更像是一台被人为制造的愤怒机器，大数据算法放大了群体差异和个体差异，缩小了群体内部的分歧，制造了群体分化，宣泄了个体的情绪。愤怒成为一种商品，羞辱成为一种产业，网络暴力与相互敌意成为管理世界的符号与武器。

第三章，我们探讨了在中国的语境的特殊性，以及公众对不和谐声音与群体的敏感性。我们认为网络自由化表达的语言是网络社会交往的潜在基础，这种变迁了的语言同传统社会的语言形态之间存在较大差异，而中国是一个高语境文化社会，高语境文化与讲求单刀直入、直白浅显和表达个人化主张的网络低语境文化形成了逆差，语言上的"不顺从"的当代意义在于与意识形态的对抗和与权力话语的抗争，是不同思潮作用的结果。在承认"有效沟通"的理想性基础上，我们认为中国网络生态的多样性折射了中国社会阶层结构的改变，中国也因此无法形成完美的公共空间对话与沟通。活跃的互联网营销号也成为一部分网民获得信息的主要渠道，为了追求KPI（关键绩效指标）和流量，营销号主动入场，以"知杠明杠"的方式挑起攻击之战，让情绪宣泄成为一盘生意。

在第四章中我们探讨了网络言论战争密集凸显地，饭圈[1]中的粉丝杠精的组成与行为特点，以及对粉丝杠精行为的规范。我们对饭圈粉丝进行了深度访谈，剖析了技术外因与群体内心，并基于身份认同、认知失调等理论，从"认知—态度—行为"角度切入，阐释了从粉丝到杠精的身份嬗变中其心理动态过程。最终我们认为：算法助推了饭圈茧室的形成，造成了群体极化，为杠精诞生提供了基础条件；由认同产生的价值依附是粉丝杠精诞生的前提，由认知失调演变的攻击型心理防卫和排他行为最终推动杠精的诞生。

第五章，我们以案例为基础，探讨公共议题方面杠精行为的表现特征与根本原因。我们认为在"后真相时代"中，人们在忽略事实因素的同时，更注重价值站队，用情绪埋葬了批判精神与怀疑态度，被扯入"诱导式"议题产生的话题陷阱。以个人为中心的当代道德价值流变中，社会弱势心理爆发，形成自我强化并循环往复的戾气之链。表达泛化、数字倾向、修辞手法的运用承载着自我道德优越感

---

1 饭圈：粉丝群体的统称。

和普遍质疑的逆反心理。"无理由无限"发难在公共议题中的事实性判断困境下提升"社会性死亡"发生率。性别冲突与身份焦虑成为激化舆论的诱因，"杠"成为一种参与公共事务的代名词，展现了杠精一定程度的反抗。

第六章我们同样以案例阐释去"污名化"后以"抬杠"为大旗进行话语抗争的青年人及其主要展现的平台运营策略。我们认为，"杠"以亚文化为形，构建了多元文化，释放了大众情绪，在一定程度上形成了反沉默螺旋。以《圆桌派》《奇葩说》为代表的针对年轻网民的新形态综艺将"抬杠"文化视为一种节目策略与议程的框架，通过"抬杠"文化形成特定表达特点与节目节奏，通过制造话题形成社会共鸣，打造"杠"文化的积极意义。

当然，本书在写作中还有很多未尽之处，如无法使用调查问卷洞悉年轻网民的心态，以及确定杠精群体。观点与材料有不妥之处，请读者们不吝赐教。

在此，也由衷感谢携手共同完成本书的编辑老师，以及我的年轻可爱的学生孩子们。

目录

第一章　何谓"杠精"？

　　"杠精"，在中国社会估计算不上是什么好的称呼，约莫暗戳戳地指摘人难以相处，在任何问题上都会提出反对意见，一旦被追问，点破其中奥秘，又会故作姿态，故弄玄虚，让人摸不着头脑。

　　究竟什么是"杠精"？似乎每个牵涉其中的人都有自己的标准，继"戏精""柠檬精"等以"×精"为语素的流行词诞生后，"杠精"一词在 2017 年 11 月走红网络。2018 年《咬文嚼字》公布"杠精"为十大流行语之一，这也成为本书书名的由来。到底什么是杠精？中国社会为何多杠精？成为杠精，或为他人冠名杠精，究竟是何种社会心态？在个人、民族、国家、社会之间，杠精扮演了一种什么样的角色？

第一节　命名由来

一、杠+精的排列组合

　　杠，床前横木也。从木，工声（见图 1.1）。

图1.1 "杠"字的字形演变

《说文解字》（最新整理全注译本，2011 年中华书局）注为：

《方言》曰：床，其杠，北燕朝鲜之间谓之树，自关而西秦晋之间谓之杠，南
楚之间谓之赵，东齐海岱之间谓之样。按，《广韵》作"床前横"，无"木"字。然
则横读古扴反。《孟子》"徒杠"，其引伸之义也。《尔雅》："素锦韬杠。" 丨部曰：
旌旗杠儿。则谓直者也。古双切。九部。

《康熙字典》（1883 年东京凤文馆铅印本）中对"杠"字的解释如图 1.2 所示。

木也 徐曰 今人謂之牀桯 急就篇 妻婦聘嫁齋滕僮，奴婢
私隷枕牀杠 方言 秦晉之閒謂之杠 圀 旌旗竿 爾雅·釋天
素錦綢杠 註 謂以白地錦韜旗之竿 廣雅 天子杠高九仞，
諸侯七，大夫五 圀 銘橦也 儀禮·士喪禮 竹杠長三尺。
圀 小橋謂之杠 孟子 徒杠成 圀 博雅 杠，舉也 圀 星名
晉書·天文志 大帝上九星曰華蓋，下九星曰杠，華蓋之
柄也 圀 集韻 類篇 太沽紅切音公。地名 前漢·曹參傳 攻
杠里，大破之 〇按 唐韻 杠音工，古音也 字彙 作叶音
非。鱻 又 gàng 槓25092，杠字之訛。

图1.2　《康熙字典》中对"杠"字的解释

至少，杠从诞生最初便有了坚忍不拔、横撑在物品身后之感。如果说在中国古代，门是建筑物的脸面，杠就是那个让门硬生生支棱在那里的物件，是怎么都不会让这个脸面舒服的家伙。故而，"杠"在《辞海》（第7版，2020年上海辞书出版社）中定义：

（1）抬重物，或闩门的粗棍子。如：竹杠；门杠。《通雅·宫室》："臬者门中关木……其横者呼为杠，小者谓拴。"

（2）体操器械。如：单杠；双杠。

（3）车床上的棍状机件。如：丝杠。

（4）批改文字或阅读中作为标记所画的粗线条。如：打上红杠。又指把不通的文字或错字用直线划去或标出。

（5）顶住。如：把门杠上。

在《辞源》（修订本，1983年商务印书馆）中的定义为：

（1）床前横木。见《方言·五》《急就篇·三》："奴婢私隶枕床杠。"

（2）竹木等做的竿子。如旌旗的竿子，车盖的柄等。《仪礼·士丧礼》："竹杠长三尺，置于宇西阶上。"《宋书·礼志五》："又汉制，唯贾人不得乘马车，其余皆乘之矣。除吏赤盖杠，余则青盖杠云。"

（3）小桥。一说独木桥。《孟子·离娄下》："岁十一月，徒杠成。"

（4）星名。《晋书·天文志》："大帝上九星曰华盖，所以覆蔽大帝之坐也。盖九星曰杠，盖之柄也。"

也许这个字从一开始便透露着不悦的感觉，否定与驳斥、质疑便慢慢蕴含其中，更不要说抬杠这种行为了。

在《辞源》和《辞海》中，与"杠"关系最密切的词语便是"抬杠"。

《辞海》中"抬杠"有两个义项：

（1）用杠抬运灵柩。《儿女英雄传》第十七回："那四个长工里头，有一个原是抬杠的团头出身。"

（2）亦作"抬杠子"。争辩。如：抬杠拌嘴。《官场现形记》第二十八回："他俩天天在那里为着这件事抬杠子，有天几乎打起架来。"

精，本义是指挑选过的好米，上等细米（见图1.3）。

图1.3　"精"字的古字形

《说文解字》写道：

精，择也。从米，青声。译文：精，拣择米粒。从米，青声。注释：精：《庄子·人间世》陆德明《释文》："司马云：简米曰精。"按，《段注》："择米，谓橐择之米也。"《论语·乡党》："食不厌精，脍不厌细。"

《康熙字典》中对"精"字的解释如图1.4所示。

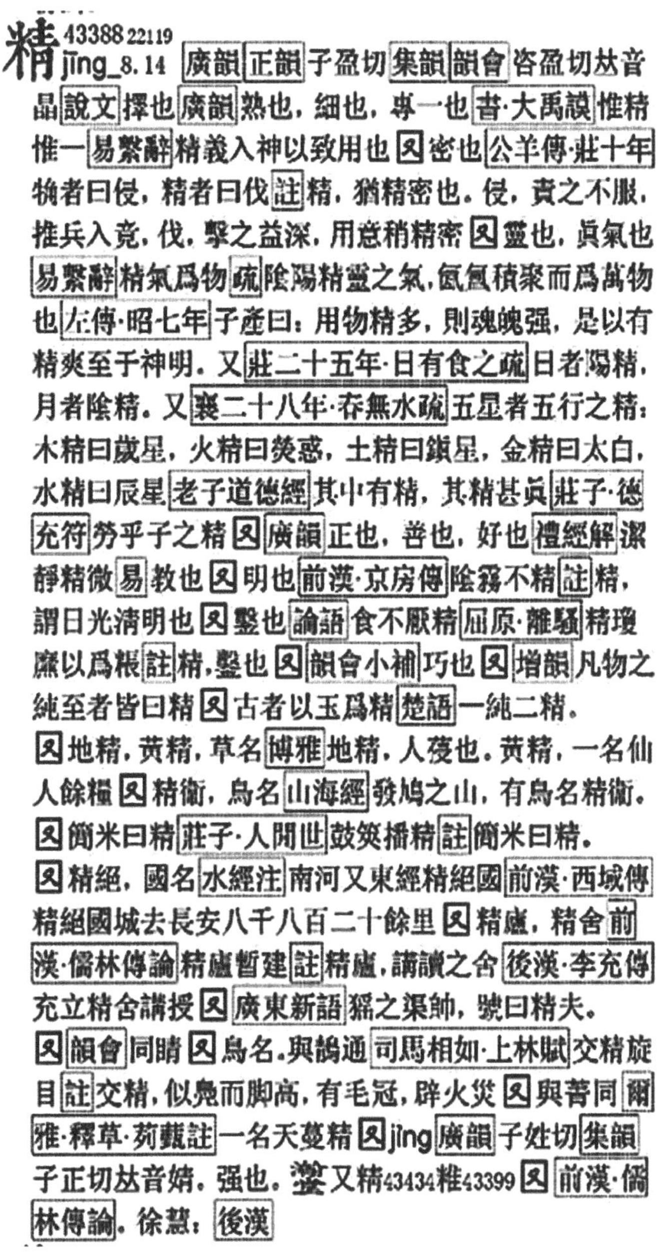

精 43388 22119
jīng_8.14 廣韻 正韻 子盈切 集韻 韻會 咨盈切 太音 晶 說文 擇也 廣韻 熟也，細也，專一也 書·大禹謨 惟精惟一 易繫辭 精義入神以致用也 又 密也 公羊傳·莊十年 物者曰侵，精者曰伐 註 精，猶精密也。侵，責之不服，推兵入竟，伐，擊之益深，用意稍精密 又 靈也，眞氣也 易繫辭 精氣爲物 疏 陰陽精靈之氣，氤氳積聚而爲萬物也 左傳·昭七年 子産曰：用物精多，則魂魄强，是以有精爽至于神明。又 莊二十五年·日有食之疏 日者陽精，月者陰精。又 襄二十八年·春無水疏 五星者五行之精：木精曰歲星，火精曰熒惑，土精曰鎭星，金精曰太白，水精曰辰星 老子道德經 其中有精，其精甚眞 莊子·德充符 勞乎子之精 又 廣韻 正也，善也，好也 禮經解 潔靜精微 易 敎也 又 明也 前漢·京房傳 陰霧不精 註 精，謂日光清明也 又 鑿也 論語 食不厭精 屈原·離騷 精瓊靡以爲粮 註 精，鑿也 又 韻會小補 巧也 又 增韻 凡物之純至者皆曰精 又 古者以玉爲精 楚語 一純二精。

又 地精，黃精，草名 博雅 地精，人葰也。黃精，一名仙人餘糧 又 精衛，鳥名 山海經 發鳩之山，有鳥名精衛。

又 簡米曰精 莊子·人間世 鼓筴播精 註 簡米曰精。

又 精絕，國名 水經注 南河又東經精絕國 前漢·西域傳 精絕國城去長安八千八百二十餘里 又 精廬，精舍 前漢·儒林傳論 精廬暫建 註 精廬，講讀之舍 後漢·李充傳 充立精舍講授 又 廣東新語 猺之渠帥，號曰精夫。

又 韻會 同睛 又 鳥名，與鵲通 司馬相如·上林賦 交精旋目 註 交精，似鬼而脚高，有毛冠，辟火災 又 與菁同 爾雅·釋草·苅薽註 一名天薺精 又 jīng 廣韻 子姓切 集韻 子正切 太音婧。强也。婧 又精 43434 粘 43399 又 前漢·儒林傳論。徐慧。後漢

图1.4 《康熙字典》中对"精"字的解释

在精美的大米之外，"精"又多了"善"的意思，于是，到了现代，《辞海》写道：

（1）精春过的上等白米。《论语·乡党》："食不厌精。"《庄子·人间世》："鼓策播精。"司马彪注："鼓，簸也。小箕曰策。简米曰精。"引申为春粗使精。《楚辞·离骚》："精琼靡以为粻。"王逸注：精凿玉屑，持为粮食。"

（2）物的纯质。如：酒精；香精。亦指完美、最好。如：少而精；精益求精。崔涂《过长江驾到主簿旧厅》诗："雕琢文章字字精。"亦特指军中的精锐。司马相如《上林赋》："抚士卒之精。"

（3）精液；精子。如：遗精；受精。《易·系辞下》："男女构精，万物化生。"

（4）精神；精力。如：聚精会神；精疲力竭。宋玉《神女赋》："精交接以往来兮。"

（5）传说中的精灵、精怪。如：妖精；白骨精。杜甫《骢马行》："云雾晦冥方降精。"杜修可注引《瑞应图》："龙马者，河水之精。"

（6）明朗；清明。《史记·天官书》："天精而见景星。"

（7）敏锐；机灵。如：精明；精干。《国语·晋语一》："甚精必愚。"

（8）工致；细密。如：精工；精制；精打细算；精耕细作。《公羊传：庄公十年》："粗者曰侵，精者曰伐。"何休注："精，犹精密也。"

（9）用功深到而专一。如：精究；专精。应璩《与从弟君苗君胄书》："潜精坟籍。"

（10）星。《文选·张衡〈东京赋〉》："五精帅而来摧。"薛综注："五精，五方星也。帅，循也。摧，至也。"亦指日月光。《吕氏春秋·圜道》："精行四时。"高诱注："精，日月之光明也。"

（11）光；全无。如：精光；精空；精赤身子。

（12）尤甚；非常。如：精瘦；精薄；淋得精湿。《吕氏春秋·勿躬》："夫自为人官，自蔽之精者也。"高诱注："精，甚。"

（13）通"菁"。花。宋玉《风赋》："将击芙蓉之精。"

应该说，从词义的角度看，"精"应该算是一个中性甚至有些褒义赞扬之意的词，可到了现代，当跟人结合的时候，却变成了颇有贬义意味的语词。

当代社会是这么界定"人精"的：经验丰富、阅历深的人；特别聪明伶俐的小孩子；人的气血精英；人中的精灵；指极为精明灵活的人，即特有心眼、特能算计的意思，对世事精明，不好糊弄，处事圆滑，从不吃亏的人。此时，世俗老练已然成为否定意义，这也充分体现了追求中庸之道的儒家之风，儒家学派认定过犹不及。

我们可以说"杠精"是数字时代的产物，属于网络组合衍生词。有学者总结，"杠精"一词具有"无理"与"强辩"的词义特征，用词义拆分法可将"杠精"拆分为"抬杠"和"具有某一特征的人"，即爱抬杠、爱作无谓争辩的人。抬杠本身这种避之不及的交往方式，配上精湛技术，那么"抬杠成精"的人，则如过街老鼠般令人生厌了。这是多么明显的贬义色彩，也是对一个人极大的负面评价了。

二、作为时代产物的"杠精"

但从现实角度出发，对杠精的定义却难以下定。何谓抬杠？如何界定具体抬杠行为和客观评判的边界？可能较为客观的说法是：具有逻辑性错误的对抗性反驳行为就是抬杠，进行抬杠行为的人就是杠精。但有时，能杠能说的人也被认为具有一种高超的语言和诡辩艺术，这种人通常会讲求快准狠稳的沟通方式。[1]

（一）古代的杠文化

事实上，"杠精"群体并不是互联网时代的新产物，在清代早期的书籍中已有一定记载。清代文人郭小亭所作的一部长篇神魔小说《济公全传》中曾有这样的记载：

---

[1] 张向荣.论杠精的诞生[J].视野, 2019(14): 32–35.

苏福自己有几箱子的衣裳，还有二百多两银子，由苏宅出来，自己住店。手里有钱，年轻人无管束，自己也没事，遂终日游荡，结交一个朋友，姓余名通，外号人称金鳞甲，在二条胡同住家。苏福就在余通家住了一年多，把钱也都花完了。余通见苏福没了钱，就要往外赶，苏福常跟余通抬杠，口角相争。（第三十八回）

清代满族文学家文康所创作的一部长篇小说《儿女英雄传》（又名《金玉缘》《日下新书》）中也出现了这样的内容：

安老爷本是位不佞佛的，再加上他此刻正有一肚子话要合公子说，被大家这一路虔诚，虔诚的他搭不上话，便说道："太太，玉格这番更调，正是出自天恩君命，却与菩萨何干？此时忙碌碌的，你大家且自作这些不着紧的事！"安太太忙道："老爷，可不许这么说了！这要不仗着佛菩萨的慈悲，小子怎么脱的了这场大难啊！"安老爷只摇着头道："愚哉！愚哉！这样弄法，岂非误会吾夫子'攻乎异端，斯害也已'两句话的本旨了？"

舅太太道："姑老爷先不用合我们姑太太抬杠，依我说，这会子算老天的保佑也罢，算皇上的恩典也罢，算菩萨的慈悲也罢，连说是孔夫子的好处我都依，只要不上乌里雅苏台了，就是大家的造化！今日之下，我说句实话罢：乌里雅苏台那个地方儿去得吗？没见我们四太爷讲究，只沿道儿这一步，就腻得死人！一出口，连个住处没有；一天一二百地，好容易盼到站了，得住那个恶臭的蒙古包。到了任，就那么破破烂烂的几间房子。早饭是蘑菇炒羊肉，晚饭要掉个样儿，就是羊肉炒蘑菇，想要吃第三样儿也没有了。一交八月，就是屯门的大雪。到了冬天，唾口唾沫，到不了地就冻成冰疙瘩儿了。就我们娘儿三个这一到那儿，怕不冻成青腿牙疳吗？如今这一来，甚么叫调任哪，直算逃出命来了！可够了我的了！"（第四十回）

可以看出，在清中期就已经开始使用"抬杠"这个词了，抬杠群体的诞生甚至可以追溯至更早的年代。杨琳教授也曾对"抬杠"的出处进行了深考和挖掘,认为"抬杠"的说法见于清代。

(二)网络时代的杠文化

网络与现实并非割裂,前者只是后者的映射。随着互联网的快速发展,我国网络议事进程不断加快,人民群众参与社会讨论的意愿不断增强,媒体顺应时代潮流,迎接互联网时代的到来。万物互联改变了过去的传播方式,尤其是在人人共享网络社交平台和"人人都有麦克风"的时代,传播方式由单向传播转为多向互动。这为"抬杠"群体的扩大和推广提供了良好的平台。在网络上,人们可以匿名表达言论、接收信息,这吸引了大量网民参与大大小小事件的讨论。在互联网上,网民不断制造信息,传递需求,互联网给了网民探索自我、发现自我、表达自我的机会。

日积月累,"抬杠"成了一种重要的表达方式和解压方式。网民通过"抬杠"的方式发表自己对事件的不同看法。这种表达方式被广泛使用,渐渐形成规模,造就了互联网时代的"杠文化",形成了一种独特的语言体系。大量网民通过"抬杠"的方式发表自己对事件的不同看法,这种表达方式被广泛使用,渐渐形成规模化的群体。

如果说古时的杠文化是人们交流过程中的思辨、探索,以及对事物和事件的求真和质疑;那么在今天的网络中,杠不仅延续了早期杠文化的语言特征,更赋予其新的时代意义。人们通过杠式语言抒发叛逆、寻求抗争,在字里行间勇于表现自我意见和态度,大胆并且敢于接受他人的异议,同时也在一定程度上包容他人。

一个与"杠精"类似的网络群体可以追溯到 2014 年"键盘侠"(keyboard man)。其诞生同社交媒体平台的开放包容、技术终端的融合多元等方面息息相关。他们往往在现实生活中害羞而恐惧,但却热衷于在虚拟网络中占据道德制高点:因互联网的匿名性,他们随意评论社会事件或个人,展示其个人正义感与社会存在感；但在现实生活中，他们很有可能是胆怯而沉默的"大多数"。

杠精和键盘侠有着些许相似的特点和心理动因：其行为多属于非理性行为；该群体在现实中较为平庸，希望乘互联网的匿名性与包容庇护之风，展现自我优越感，而非真正求得一个事实上的结论；大多媒介素养较低，缺乏对事实基本的判断力。

不过是网络舆论非理性的要素提高了杠精在人群中的比例，也提高了那些令人不适的语言的权重，让后来者更觉得四周充满了戾气与非理性的舆论。而非理性舆论，辅之以群体极化的媒介现实，则进一步推动了网络暴力（cyber-bullying）的诞生与发展。

2020年联合国发布的一项调查显示，约三分之一的年轻人曾遭遇网络暴力。2019年中国社科院发布的《社会蓝皮书》显示，近三成青年曾遭遇过网络暴力辱骂，场景主要集中于社交媒体。有人认为网络暴力存在的原因主要有互联网的匿名性、媒介素养较低、审人度己的双重矛盾性等。On the Internet，nobody knows you're a dog.（在网络上没有人知道你是人还是狗）。

（三）日常生活的杠文化

在日常生活中，我们也常常遇见类似的情况。"抬杠"的人总能抓住一些极其微小、无关紧要的细节，或故意对他人的观点进行夸张、曲解，或通过不讲逻辑的归纳、混淆、杂糅对方的概念来打击对手并且抬高自己，从而获得心理上的满足，最后的结果往往是双方不欢而散，这种行为就是我们所说的"抬杠"。抬杠者经常答非所问，为争执而争执，为胜利而争执。他们往往"宽度一英里，深度一英尺"，对于争论的话题来说帮助不大。

"抬杠"作为动词，其指代的行为的关键在于人本身，"抬杠"只是争辩的一种形式。因此，"抬杠"可以被定义为——行为人为证明自己的观点或反对别人的观点而进行的无谓的争辩。"抬杠"作为对抗性话语的一种表达形式，与辩论存在诸多不同。具体如下。

1.辩论双方是有明确的立场的；抬杠者往往没有预设立场，而是根据实际情况随时调整观点。

2.普通辩论是追求结果的，以便在最后得到共同的认识和意见；抬杠者往往不求是非，其抬杠行为也难以得出结果。

3.辩论是用一定的理由来说明自己对事物或问题的见解，揭露对方的矛盾；抬杠是明知对方的意图，却有意曲解对方的意图，以达到否定对方的目的。

4.辩论往往根据主话题展开，讨论的是具有建设性的内容；抬杠往往偏离主话题，聚焦无意义的讨论。

在这种解读下，我们也应该认识到，杠文化的存在具有两面性，并非全然无意义。抬杠现象的影响面较为广阔，对大多数网络用户造成了影响，其中也包括抬杠者本身。抬杠者并不同于"网络喷子"与"网络暴力者"，对网络生态环境造成严重影响，带来网络暴力和网络欺凌。在一定程度上，抬杠者们能够带来正面的积极作用，更好地推动网络公共话语空间发挥议事作用，促进网络文化多元发展，发掘杠文化新的生机与活力。

（四）"负面螺旋"

"抬杠"文化也并非中国特有。国际计算机协会曾有一个调查显示：一个人在网络上的trolling行为（主要指抨击、辱骂他人）可能受到其当时的心情及当时所聊话题的影响，其心情不佳时更容易成为杠精或键盘侠。杠精的生活环境也会影响其网络行为。作家林迪·韦斯特（Lindy West）在2015年发表的一篇文章中谈到了一位喷她的杠精（trolling），这名杠精承认因为跟妻子不幸福的生活而去同作者抬杠。

作者则将这种受心情、周围环境影响的杠精行为现象称作"负面螺旋"，即借由对第三方的控制感来补偿内心原先存在的不安全感，让自己获得一种不真实的控制感和存在感。只不过，大多数时候，这种扭曲表达的情绪并没有戴着友善的面具，在这纷纷扰扰的世界中，不被旁人所感知、体悟，更不用说被尊重，而这也将成为一种螺旋式的循环：越不被尊重，就越试图抓紧；而越试图抓紧，就越惹人反感，反而导致意见更难被尊重。希望与人沟通，却找不到合适的辞藻和令人舒服的表达方式。慢慢地，这个模式沉淀下来，并潜移默化扎根下来，此时已不知道杠精本人是加害者还是受害者了。加之语言符号本身具有不完美性，只能说这是一场失败的交往悲剧，网络世界的三言两语，或是蜻蜓点水般的理解与安慰，并不能让口诛笔伐者放下内心的不安，也不能迅速瓦解其冰封的内心世界。来往之间，对抬杠者的不屑和愤懑，竟然助推旁人成为寒冰制造者。

不安和负面情绪本身是弥漫在我们之间的高传染剂，当我们在说服别人，我们的据理力争，其实不仅仅表达了内心的境遇，更将经历状况、社会地位、原生家庭的处事风格张扬无疑。若遂了抬杠者，则内心拧巴，或更为小心谨慎；若不遂，则少不了内心添堵，愤愤半日，只不过当意识到自己被感染并改变行为时，则为时已晚。

三、杠精的逻辑与语言

杠的方式有很多，简单罗列梳理，发现有如下几类。[1]

（一）扩大不合理的讨论范畴

你肯定A，就是否定B喽？：“春江水暖鸭先知。”vs“水暖和了鹅就不知？虾就不知？河豚就不知？”

你否定A，那你怎么不否定B？：“我不赞成琼瑶在文学作品中美化婚外恋。”vs“那你怎么不反对金庸美化师生恋？”

1　张昕. 杠精的世界你不懂[EB/OL]. (2018-6-26)[2022-5-4]. https://zhuanlan.zhihu.com/p/38511362.

（二）以个人爱好/经历作为判断标准

我认可A，你怎么能否定A？ ："我觉得这种蜂蜜不太甜。"vs "你吃的是假的吧？""你味觉有毛病吧？"

我反对A，你怎么能肯定A？ ："我个人还挺喜欢小孩的。"vs "你个人就代表全中国喽？""有病才生小孩呢！"

我没见过A，A怎么可能是真的？ ："我们高三的时候每天晚上10点半才下晚自习。"vs "你就编吧，我高三的时候怎么就从没这样？"

（三）强行错误解读交流对象的观点

"我认为游戏里的这段情节美化了性骚扰行为。"vs "玩家打个游戏怎么就得罪你了？"

"我反对把青少年送去网瘾学校。"vs"那青少年沉迷网络，家长就别管对吧？"

"师生恋是一种权利不对等的关系。"vs "那大家都别恋爱好了。"

"评论别人观点的时候不应该断章取义。"vs "就许你说话，别人都不许说话。"

（四）追求完美解决方案谬误：因为没有解决A，自然也无法解决B

"这首歌的歌词里侮辱女性是不对的。"vs "你这么牛的女权斗士怎么还不去解放全球被拐妇女啊？"

（五）归因偏差

"你文章里还有错别字，博士头衔是买的吧？"

"一屋不扫，何以扫天下？"

（六）将客观陈述曲解为对自己的攻击，并快速反击

"我的丈夫家是上海的。"vs"嫁了个本地人了不起啊！得意什么呀！"

"我目前在北京大学心理与认知科学学院担任副教授。"vs"北京大学了不起哦？""学心理学了不起哦？""副教授了不起哦？"

（七）其他各种诡辩与非理性对抗

从本质意义上来说，在表达不同观点时，杠和辩论最大的差别在于是否能达成某种共识，杠和较真最大差别在于是否具备逻辑，以及语言上是否具有攻击性。

1. 非理性对抗表达是杠主要的言论特质：以价值判断代替事实判断，甚至无端指责、攻击他人。发表意义不明的阴阳怪气的言论，发言者从一开始便被界定为不站在逻辑出发点对话，仅仅是表达自己的道德优越感，在精神层面和情感层面上造成伤害。

2022 年 2 月，河北省秦皇岛公安局海港分局反诈中心的民警陈国平辞去警察职务。在他看来，从 2021 年 9 月开始，其反诈视频虽然在短视频平台出圈[1]，他也收获了近 700 万名粉丝，但他因此连续两次遭受网络暴力，这让他最终做出了辞职的决定。尽管这个决定是错误的，但终究有人要来做一些错误的决定，给后人做个警示教育或提供经验。[2]

---

1 出圈，指知名度变高，脱离了小圈子，被大众所熟知。

2 倪伟."反诈警官老陈"辞职：我做了一个错误的决定[J].中国新闻周刊，2022(4): 66.

第一次，3月18日，有人鼓动他与名为"柬埔寨小6"的主播连麦。这位主播身在柬埔寨，自称在当地做生意，但被很多网民质疑涉嫌搞诈骗。陈国平一如既往地用轻松的语气跟对方聊天，然后一步步套话。但后来涌来大量批评的评论，称他不应该微笑着跟对方说话，"不配当警察"。

第二次，就在一位网友连刷100万元礼物之后，他收到大量恶评，称他靠着这身警服获取了收益。那是3月27日，他与抖音平台合作进行"助力疫情防控"公益直播，包括333个"嘉年华"在内，当天一共收到近120万元打赏。4天后，他在视频中公布了打款金额、完税证明和捐赠证明，他收到平台打款约79万余元，他将其全部捐赠给了一家基金会，数额精确到分。"老陈终究还是变质了！""你这样做到底是对是错？"网友的反馈让陈国平感到委屈，他对《中国新闻周刊》说，沫星能淹死人，真的杀伤力很强啊。[1]

2. 诡辩，或逻辑性缺陷，是"杠"的主要表现形式。"杠精"往往不随大流，"标新立异"，他们沟通的目的并不在于说服别人，而是通过输出异质观点来增强优越感。这种逻辑错误可以分为已知条件的错误和推理形式的错误，结论正确不意味着逻辑正确，逻辑正确也不意味着结论正确。逻辑学的研究在于推理是否正确，是否通过正确的形式得到了正确的结论。杠精不是正面回应对方的观点，而是曲解意思，咬文嚼字寻找语言上的漏洞，对漏洞进行无限放大，上纲上线，但融入语境看这种表述，似乎又觉得没有什么问题。例如公孙龙的"白马非马"的典故。

"白马非马，可乎？"曰："可。"

曰："何哉？"曰："马者，所以命形也。白者，所以命色也。命色者，非命形也，故曰白马非马。"

---

1 倪伟. "反诈警官老陈"辞职：我做了一个错误的决定[J]. 中国新闻周刊, 2022(4): 66.

然而，很多人抬杠，不能说抬杠的人是故意犯逻辑错误，因为在早前的教育体系中，我们并不讲求逻辑，或者他们并不在意、不懂语言逻辑，或者故意走上错误的逻辑轨道，如庄子的"子非鱼，安知鱼之乐"。

> 庄子与惠子游于濠梁之上。
>
> 庄子曰："鲦鱼出游从容，是鱼之乐也。"
>
> 惠子曰："子非鱼，安知鱼之乐？"
>
> 庄子曰："子非吾，安知吾不知鱼之乐？"
>
> 惠子曰："吾非子，固不知子矣；子固非鱼也，子之不知鱼之乐，全矣。"
>
> 庄子曰："请循其本。子曰'汝安知鱼之乐'云者，既已知吾知之而问吾，吾知之濠上也。"

庄子在"安知"上做文章，偷换了概念，甚至到最后一轮中将探究为什么的问题偷换成了探究在哪里的问题，这已经是诡辩了，此时的辩驳只是为了反驳而反驳。

当下社会，我们的确一直讲求要用批判性思维捍卫自己的信念，殊不知，批判性思维也分弱势批判性思维（weak-sense critical thinking）和强势批判性思维（strong-sense critical thinking）。[1] "弱势批判性思维是利用批判性思维来捍卫自己当前的信念。强势批判性思维是利用批判性思维来评价所有的断言和信念，尤其是对自己的信念加以评价。"[2] 其中弱势批判性思维的目的就是坚决抵制和驳倒那些不同的观点和论证，把那些意见和自己不同的人驳斥得哑口无言，乖乖认输。故而，使用批判性思维不一定意味着在质疑中提升了人道和获得了进步，批判者也不在意是否真的接近真理和美德，而往往会采用操控型论证（managed reasoning）——论证方式经过事先挑选以便得出某个特定结论，找到许多理由来证明自己的观点。

3. 不给建设性意见，仅批判，使用冒犯性、攻击性的表达方法。人的表情语

1　布朗. 学会提问[M]. 吴礼敬, 译. 北京: 机械工业出版社, 2013.

2　布朗. 学会提问[M]. 吴礼敬, 译. 北京: 机械工业出版社, 2013: 36.

气会充分暴露他的真诚度，对话的质量取决于两个人真诚的交付程度，尽管这种对话注定是稀缺的。人对真诚有敏感的标尺，咄咄逼人、狭隘偏执、武断专横的语气很容易让我们彼此疏远，产生隔阂。"有时候，某种语气会表明我们只是对对方的主张不能容忍，而非对所有相关结论都提出了问题，并用这些问题来评估自己的信念"[1]，我们因而失去了批判性互动对真理最初的追求。

第二节　赋名的权力与污名化

一、命名与归因：为"杠精"找到归属

　　每个人都渴望回声，渴望心灵上的回声；人们也渴望秩序，秩序是安全感获得的前提，它意味着绝大多数人的行为是可预测的，不可预测的会被纳入"脱轨"序列，会得到惩罚与纠正[2]，会被区隔并贴上异族的标签，甚至会被归为精神类疾病的序列。[3] 正如沟通交流是一个社会性的互动，批判性思维和语言的传递也同样是社会交往的流动与共建。只是并不是所有人都喜欢别人对他们的思考过程逐一提问，他们也常把别人的提问当成不怀好意、没事找事，将对方视为不遵守某种社会游戏的异类，标签化、符号化交流的另一方。

　　有人会认为，"杠精"的形成兴许跟某些人格障碍相关，如《精神疾病诊断与统计手册》(*The Diagnostic and Statistical Manual of Mental Disorders*，简称为DSM)——一本在美国与其他国家中常用来诊断精神疾病的指导手册。在没有足够依据的情况下，对他人不信任和猜疑，总体倾向于把他人的动机解释为恶意的；将无恶意的谈论当作隐含贬义或威胁意义的批评；在没有足够依据的情况下，总感到自己的人格受到打击和冒犯，且迅速做出愤怒的反应或反击……拥有以上

1　布朗. 学会提问 [M]. 吴礼敬，译. 北京：机械工业出版社，2013: 88.

2　福柯. 规训与惩罚：监狱的诞生 [M]. 刘北成、杨远婴，译. 北京：生活·读书·新知三联书店，2019.

3　福柯. 疯癫与文明：理性时代的疯癫史 [M]. 刘北成、杨远婴，译. 北京：生活·读书·新知三联书店，2019.

特征的人可以被归为患有偏执型人格障碍[1]。道德感过强，过分迂腐，拘泥于社会习俗，刻板和固执，不合情理地坚持要求他人严格按照自己的方式行事，或者即使允许他人行事也极不情愿……拥有以上特征的人可以被归为患有强迫型人格障碍。[2] 尽管精神类疾病在我国的发病率较高，按照世界卫生组织的数据已经超过了心脏病和癌症，但并非所有中国网民都被精神上的疾病困扰，也并非所有的精神困顿都可以被归为上述两种。

人们转而求解于心理测试，将所有问题归因于性格的偏差。近年来，话题"MBTI"在新浪微博的阅读次数达 16 亿，抖音平台相关播放量超 11 亿。"你的MBTI是啥"已经成为年轻人社交热身的热门话题。MBTI全称"迈尔斯-布里格斯类型指标"，是美国作家伊莎贝尔·布里格斯·迈尔斯和她的母亲凯瑟琳·库克·布里格斯在 20 世纪 40 年代编制的一种人格测试，可以说它已经成为当今世界上最流行的性格测验，并成为企业培训、职业培训的指标。该测试火爆的原因之一就在于，它契合了人类大脑的加工规律和某些社会心态。[3] 也因为人格测试被简单化、娱乐化后，成了一种定义的符号，定义语言、传达等的风格，当碰到那些爱提问、爱争论不休的人，就直接将他们定义为INTJ[4]或者ENFJ[5]。只不过心理学远比人格测试复杂得多，人类的性格类型也远远不止 16 种，该测试只是体现了某种归因和命名的肆意自由。

任何语言词汇背后都是话语权力的彰显，沃尔夫·莱布尼兹（Wolf Lepenies）指出，自 17 世纪末以来，人们谈论"自然"（造物主塑造的所有事物，即那些既存的、未经人类理性和技能雕刻的事物）时，言语中总是充斥着攻击性的概念和隐

1　张琳, 罗小年. 偏执型人格障碍还是偏执性精神障碍 [J]. 临床精神医学杂志, 2009, 19(1): 67.

2　郝伟, 于欣. 精神病学 [M]. 北京: 人民卫生出版社, 2013: 171.

3　新华社. MBTI测试风靡: 是科学还是玄学? 16 种人格能定义我们吗? [EB/OL]. (2022-4-19)[2023-3-15]. https://m.thepaper.cn/baijiahao_17691465.

4　心思缜密, 喜欢在一个领域做深、做透, 又被称为专家型人格。他们的口头禅是"这样做不对""应该要那样、那样, 再那样"……缺点是, 易让人觉得过于严肃、认真。

5　如果有人对你知无不言、言无不尽, 还时不时喜欢教导你, 那么他很可能是个ENFJ。ENFJ是天生的教育家、善良的利他主义者, 但往往好为人师、喜欢说教。

喻。比如弗朗西斯·培根（Francis Bacon）就根本没给人们留下任何想象空间："自然应该被征服，并尽可能地为人类的利益和便利服务，这远比弃之不顾好得多。"勒内·笛卡尔把理性的进步与对抗自然的一系列胜利相提并论。对此类进步的抵抗经常被用来证明穷人懒散，以及强硬、严格、不留情面的工厂纪律在道德上的必要性。让穷人和不思进取的人工作，不仅是一项经济任务，更是一项道德任务。

二、污名标签的力量

并非所有的标签化的行为都是正向的社会肯定。雅各布曾提出"污名–标签"理论框架，认为一系列与刻板印象相关的特征标签的集合构成了污名。由此我们可以得知，污名通过集合标签的方式进行自我呈现，"贴标签行为的实质是社会现状与权力"[1]。

正因为属实害怕被套上"杠精"的"歪帽子"，"非杠勿喷"成为许多人见解的前缀。

污名的概念作用一直持续到现在，而人们对自己可能遭受到的污名化倾向十分敏感，从个体层面，人们会直接拒绝污名化的标签，不愿承担被社会污名化的风险，在众人面前失控。

在此，必须说明的是污名与权力的关系。这是因为：一方面这样的说明使我们的论述和研究对象更具有客观性，以此证明杠精群体并非一种客观存在的群体对象，并非我们所认为的乌合之众，而是更为客观的群体本身，意味着权力关系的转移；另一方面，"杠"也并非一种集体无意识行为，也可以是一种自由自主力量的表达，是新生代挑战权威、自我证明的基础。

正如其本义，杠精的特征之一便是，即便面对不利证据，他依然会倔强到底，以对话者不能理解的方式进行论述，"你这么说，那我偏要那么说"；也就是说，他们重视的不是逻辑本身的对错，而是人与人之间话语权力的对抗。正因为中国人习惯于如此看待争论，拿"杠精"来给人扣帽子的人也越来越多了。这变成了一

---

1 杨艳萍. 新媒体环境下儿童污名化形象探析：以知乎"熊孩子"话题为例[J]. 科技传播, 2020(2).

个很好用的污名化标签，哪怕你其实是想按逻辑来跟人好好讨论，但却仍可能被理解为你只是想进行权力博弈，即你争的不是"理"而是"力"。吊诡之处在于：这种话语看似厌恶杠精，但实际上和抬杠一样，是没有逻辑和不遵循规范的发言，是本能地把对话看作权力对抗。这正可以提醒我们，原有的那种传统，在中国人的意识中渗透到了何等深入的程度。

语言本身具有一种现实的力量，话语争夺其中一个维度就表现在争夺语言词汇上。因为大众文化或主流文化的媒介传播方式是对大众实施通知霸权，所以大众媒体自然也成了话语争夺的角斗场。网络技术为人们构筑了一个众声喧哗的世界，人们可以自由聚集、自由活动，拥有了对公共事务进行评论交流的话语权。但是语言最重要的表征就在于形式和建构符号，每个场域都是权力尤其是话语权力争夺的场所。各种正式或非正式的力量都集合在网络生态体系中，从热点事件到热点现象，无一不说明对话语权力的草根式诉求。

第二章　杠精缘何而起？

网络世界有着无尽的喧嚣与浮华，在这个虚拟世界总能遇着形形色色的人，遇着杠精的比例也徒增了许多，甚至有人说，杠精横行差不多已经成为一种社会现象。但是并非所有的抬杠都是抠字眼的情绪宣泄，或者追求语言上的获胜以获得满足，抬杠文化背后是一个社会学、文化学、人类学的问题。

第一节　认识世界的方式

一、我们所认知的世界

让·皮亚杰在研究儿童成长和认知发展过程时曾提出一个人类认知行为的基本模式——"认知基模"，也叫"心智结构""认知结构"或者"认知引导结构"。基模代表着某个特定概念或刺激的有组织的知识，一个基模既包括概念或刺激的各种属性，也包括这些属性之间的关系。

基模是一种先入为主、自上而下的过程。基模是人们在判断能力有限、信息不完全的前提下，为了迅速做出反应而采取的一种认知策略。基模会加快信息处理与加工，有助于形成自动推理，添加缺失的信息，形成某种解释，提供预期。但基模所代表的旧信息可能不适应新的认知对象，我们会有选择地吸收与基模相一致的信息，并且基模一旦形成，我们就不愿意轻易修改。这在后来形成了一个知名的概念——刻板印象：当我们接触到一个新信息或者新事物，遇到一个新事件或者进入一个新的场所的时候，我们过去相关的经验和知识会引导我们迅速地对新的状况做出认识、推理和判断，并及时地做出行为反应。人们总是本能地站在自己原先的价值判断和过去的经验中，以至于李普曼在他的《舆论》一书中都说道："我们所看到的风景都是我们已经知道的事物。"

这是一种认识世界的捷径，也是我们认识世界的重要工具，当人们认识新的事物时，往往会有不确定性，并且不知道从何着手，这时基模就可以起到很大的作用，它会飞速完成对过去经验的总结。人们通常会在自己的内存库里寻找以前是否遇到过类似的事物，从而产生对新事物的大致期待。人们在这种期待的引导下分配注意力，可以大大减轻信息获取的负担，并且可以迅速理解模糊的信息。人们也将基模当作对文本的期待，他们在记忆库里寻找到类似的阅读经历——很多文本在主题、角色、情节上都具有雷同性，还可以借助它推断文本的意义，可以以它为主线将破碎的文本表述串联起来。

这是一种人与生俱来的行为模式，这种思维惰性体现了大脑天生的归纳能力，若离了它，眼下遇见的纷繁复杂的事物怕是已经冲昏了我们的头脑。人们也习惯于将这种思维方式泛化至身边的世界，认为身边的人也秉承着与自己相同的认知。这种认知模式也并非始终如一，正如卡尔·马克思所言："如果人年轻时候的思想终其一生，这是多么可怕的事情。"认知世界的方式随着人的成长可以得到发展和改变，但改变的前提在于我们如何看待我们新近遇到的人和事物，他们/它们与我们之前的经验的关联性如何，如何在脑海中以一种最熟悉的陌生的方式被存储起来。不同的文化和世界催生了不同的认识世界的方式。

这种认识事物的方式就像是一棵大树，具有某种程度的一般化和抽象化的性质，并有从较抽象向较具体分层的结构特点。我们在遇到新的信息时，通过动员和组织原有的知识和经验、补足新的要素来进行处理，对新信息的性质做出判断，预测其结构，以确定我们对新信息的反应。因此，基模具有预测和决策控制功能。它完成了一个自动的、无意识的过程，完成了我们对特定个体的特点和目标的看法，完成了对自我的审视。它基于社会身份、地位产生了各种期待，如同脑海中的剧本一般，描述我们熟悉的事件的程序。

罗伯特·阿克塞尔罗德针对认知世界的信息处理表达了这样的观点。当接触到一个新的事件或信息时，我们头脑中相关的基模就会被激活，参与到信息处理的每个环节当中。当新信息的各项特征与我们的基模相吻合时，我们倾向于按照原有的解释和态度来对待它。当新信息与我们的基模有不吻合之处时，我们会对新旧信息的各种特征进行比较，补足新的信息，确定新的解释和态度。新信息的处理结果对基模有两种影响：相吻合时，强化原有基模；相矛盾时，则修改原有基模，形成新的基模。作为每次信息处理的结果，被强化的原有基模和被改变形成的新基模，都会作为分析、推理和判断的依据，参与到下一次信息处理的过程中。

由于我们生活的世界和圈层不同，人们总是习惯于将自己的认知世界看成一种理所当然，而对挑战者和对象习惯性地进行抵触和否定，一种敌对情绪油然而生。

媒介自然也是这种认知方式的建构者之一。从李普曼的舆论学，到芝加哥学派的城市研究，再到西方马克思主义的媒介观点、多伦多学派的技术社会学，每个被世人津津乐道的社会学家和人类观察者都在讲述人与社会、人与人之间的关系。媒介作为中介化的角色，也影响着人们处理和传播信息的过程。媒介向我们展示了大量受众无法亲身体验的个体、群体、角色和事件。它们的表达方式也会影响与内容无关的叙事套路。与人际传播相比：大众传播具有一定权威性，或者至少会让普通受众产生错觉，认为大众媒体的信息都是由专家发出的；或者认为这是一种意见气候、一种"大多数人的看法"。对被孤立的恐惧让深陷其中者自发形成自我怀疑。在求证不确定的观念时，人们更倾向于默认其真实性，寻找证据来佐证这一观念，并试图调整自己的行为，基于既往的角色期待，去判断修正公开表达行为。

二、我是谁，我要去哪里？

幸福是什么？舒适是什么？想来这些问题对所有人来说都是最难回答的问题，经济生活的安逸，并不代表精神世界的安逸，而对自己的境遇的判断总是在比较中完成，看周围的人如何做，看周围的人如何看待自己。这在社会学上可以用一个宏大的理论框架体系来描述：认同。"认同"（identity）一词，其词源是拉丁文"idem"，译为"认可、赞同"，另有"身份、同一性"等释义。"认同"这一概念，最早由著名精神分析学家西格蒙德·弗洛伊德提出："认同是个人与他人、群体或被模仿人物在感情上、心理上的趋同的过程，是个体解决自身焦虑的一种方式。"[1] 在众多社会学和心理学的研究中，认同常被用来指代个体与群体之间的一种特殊的情感联系、个体对群体的心理依附或一般承诺，不同个体因具有诸多相同性而聚集成群。[2]

人所需要的认同主要包括自我认同和社会认同两种。自我认同主要涉及心理学范畴，美国著名心理学家、社会学家埃里克·埃里克森在《同一性：青少年与危机》一书中对于自我认同即"自我同一性"进行了详细系统的探究，他将人生分为八个阶段，在每个阶段人们都有重大问题需要解决，而自我认同是伴随人生各阶段的需要个体进行自我角色认知和判定的重大问题，要解决的是"我是谁""他是谁"的问题。[3] 社会认同理论源于欧洲本土的社会心理学，最早于20世纪70年代由英国社会心理学家亨利·泰弗尔（H. Tajfel）在其"最简群体"实验的基础上提出，后来其学生约翰·特纳（John C. Turner）通过"自我归类"的概念对社会认同理论进行了补充。泰弗尔将社会认同定义为：个体认识到他/她属于特定的社会群体，同时也认识到作为群体成员，群体带给他/她的情感和价值意义，并认为人的自我价值感部分源自其群体资格（membership of group or category），以及群体对自我的积极评价。[4] 因为社会认同似乎来源于群体认同这一概念，社会心理学的大多数研究经常将二者交叉使用。[5]

1 车文博.弗洛伊德主义原理选辑 [M].沈阳：辽宁人民出版社，1988：375.

2 赵卓嘉.自己人认同：基于西方内群体认同概念的研究 [J].社会心理学，2015(5)：77.

3 埃里克森.同一性：青少年与危机 [M].孙名之，译.杭州：浙江教育出版社，1998：198.

4 张莹瑞，佐斌.社会认同理论及其发展 [J].心理科学进展，2014(3)：476.

5 蔡荃，欧阳润清.社会认同理论视阈下的"五个认同" [J].云南社会主义学院学报，2019(3)：77.

群体认同是个体对自己所属群体共有特点的认同。[1]

群体认同的基本构成要素是多维的，包括社会成员对所属根本身份的自觉和认同，对所属群体心理的归属和满足，对所属群体价值观念、行为准则和文化传统的肯定和遵守，愿为所属群体的发展而行动；其基本形式又是多样的，具有身份认同、文化认同、政治认同、国家认同等。[2]群体往往因身份认同不断巩固，圈层壁垒不断强化，同时因身份认同而产生排他性。

群体认同的构建包括三个基本过程，依次是社会分类（social categorization）、社会比较（social comparison）和积极区分（positive distinctiveness）。[3]

社会分类是群体认同建构过程的第一个重要环节。人们自动地将事物分门别类，因此在将他人分类时会自动地区分内群体（本群体）和外群体（他者群体）。人们在进行分类时会将自我也纳入这一类别中，将符合内群体的特征赋予自我，这就是一个自我定型的过程。[4]人作为社会群体动物，为了获得安全感会具有一定的自我归类意识倾向，会自觉地通过价值观念、行为方式等层面的研判将自己纳入某一群体。尤其是在面临一定的社会目标和社会资源配置的时候，为了达到一定的社会目标和获得尽可能多的社会资源，这种社会分类现象会更加显著。

身份认知是个体进行社会分类首先要进行的自我身份判定过程，个体需要结合自身特征来分析自己是否属于某个群体，符合某个群体的身份特征，从而将自己视为该群体的一员，确认群体成员的身份，由此加入某一群体当中并获得一定的归属感和认同感。其次，除了对自我身份进行的判断和认知，社会分类的另一个重要过程是个体对群体共同价值追求的认可，个体在进行自我身份认知，确认自己属于某个集体后，会进一步寻求群体的目标追求来强化自我分类，从而进一步确认自己所属的社会群体，同时为了群体共同的价值追求进行努力，进而建立群体认同感，

1 崔丽娟,张昊.群体认同下流动儿童身份管理策略研究[J].福建师范大学学报,2019(5): 64.

2 舒旭,牛俊伟.群体认同视域下深化海峡两岸青年交流的路径研究[J].山东省社会主义学院学报,2021(2): 61-68.

3 Tajfel H. Social psychology of intergroup relations[J].Annual Review of Psychology, 1982(33): 1-39.

4 张莹瑞,佐斌.社会认同理论及其发展[J].心理科学进展, 2006, 14(3): 475-480.

并在此基础上产生内群体偏好和外群体偏见。[1]

社会比较是群体认同建构过程的第二个重要环节。社会比较的概念基于利昂·费斯廷格的社会比较理论。费斯廷格认为，个体有与别人比较他们的意见和能力的需要，特别是在没有可以参考的客观标准的时候。[2]个体进行了自我归类，将自己划入所属的社会群体之后，为进一步明确其所属群体的存在和地位，以及自尊层面的需求，会自觉地将本群体与他者群体进行社会比较，通过比较凸显本群体与其他群体的不同特征，从而建构本群体的认同感。[3]

高水平的自尊感来源于对内群体与相关的外群体进行比较时获得的积极结果，当这种社会认同受到威胁时，个体会尝试用各种办法来维持自尊感。个体会过分地热爱自己的群体（本群体），强烈认为自己的群体比其他群体（他者群体）要好，并在维护自己的群体时产生群体间偏见和群体间冲突。[4]社会比较经常在相似的群体中发生，外群体在比较维度上与内群体越相似，个体就越需要得到一个积极的结果。社会比较的结果，在很大程度上决定了个体的群体认同和自尊。[5]

群体认同理论认为，群际区分与歧视在自我范畴化和社会比较的过程中不可避免，它表现为情感上对内群体的偏爱和对外群体的偏见，而增强效应更是让群体在心理上将内群体的相似性增强，以及将内群体与外群体的差异性增大。因为各自追求不同，群体形成了相对其他组织的边界。差异性突出了"我群"的概念，导致对"他群"的排斥，从而进一步提高内群体的凝聚力。[6]

群体认同建构过程的第三个重要环节是积极区分，这是群体成员为进一步明确内群体与外群体的区隔，以及满足更高程度的自尊需求所进行的重要过程。本群体成员为了维护和提升自尊，会努力在社会比较的过程中表现得比他者群

1　张莹瑞, 佐斌. 社会认同理论及其发展 [J]. 心理科学进展, 2006, 14(3): 475-480.

2　陈世平, 崔鑫. 从社会认同理论视角看内外群体偏爱的发展 [J]. 心理与行为研究, 2015, 13(3): 423.

3　Abrams D, Hogg M A. Comments on the motibational statue of self-esteem in social identity and intergroup discrimination[J].European Journal of Social Psychology, 1988(18): 317-334.

4　张莹瑞, 佐斌. 社会认同理论及其发展 [J]. 心理科学进展, 2006, 14(3): 475-480.

5　陈世平, 崔鑫. 从社会认同理论视角看内外群体偏爱的发展 [J]. 心理与行为研究, 2015, 13(3): 422-427.

6　尹昊. 驴友亚文化群体认同研究: 以沈阳林子户外俱乐部为例 [D]. 沈阳: 沈阳体育学院, 2017.

体更加优秀[1]，极力凸显本群体相较于他者群体的优势和优越感，从侧面反映他者群体的不足，由此形成与他者群体的积极区分，从而建构加强对本群体的群体认同。

在积极区分的过程中，泰弗尔和特纳认为，至少有三个方面的变量在具体社会情境中会影响到群体间的差异：首先，个体必须将本群体特征内化为自我概念的一部分；其次，需要所处的社会情境允许群体在相关属性上进行比较，因为并不是所有的群体间差异都有进行比较的意义；最后，内群体并不能和所有的外群体进行比较，用来比较的必须是相关的群体。

总结来说，社会比较要通过积极区分来完成，而积极区分是通过在自身群体表现良好的维度上和外部群体进行比较，而社会比较和积极区分均出于维护和提升个体自尊的需要，因此获得自尊就是社会比较、积极区分的基本动机。在社会归类、社会比较和积极区分的共同作用下，个体产生了对群体的认同，从而进一步产生了相应的群体行为，如内群体偏好、外群体歧视等。[2]

三、大众传媒与认知基模

认知基模由瑞士心理学家皮亚杰在研究儿童成长和认知发展过程之际提出，后被广泛应用到教育学、信息处理和传播学研究当中。基模是人的认知行为的基本模式，或者叫心智结构、认知结构或者认知引导结构。它代表着某个特定概念或刺激的有组织的知识，一个基模既包括特定概念或刺激的各种属性，也包括这些属性之间的关系。它是一种先入为主、自上而下的过程。

基模理论主要描述了人们在判断能力有限、信息不完全的前提下，为了迅速做出反应而采取了一种认知策略的过程。基模会加快信息处理与加工，有助于形成自动推理，添加缺失的信息，形成某种解释，提供预期；但基模所代表的旧信息可能不适应新的认知对象，我们有选择地吸收与基模相一致的信息，有可能错误地添加

1　闫丁.社会认同理论及研究现状[J].心理技术与应用，2016(4): 549−560.
2　闫丁.社会认同理论及研究现状[J].心理技术与应用，2016(4): 549−560.

认知对象不具备的特征，并且基模一旦形成，就不会轻易被修改，我们也可以称之为"刻板印象"。

在观众解读过程中，基模也可以被理解为一种对文本的期待。因为人们可以在记忆库里寻找类似的阅读经历，很多文本在主题、角色、情节上都具有雷同性，基模由此可以起到导读的作用。观众还可以借助它推断文本的意义，可以以它为主线将破碎的文本表述串联起来。

基模的特点有以下几个。

1. 基模是人与生俱来的行为模式之一，随着人的成长可以得到发展和改造。

2. 基模是一种知识分类体系，呈层化结构，类似于树形图。基模不以每个具体事例为对象，而具有某种程度的一般化和抽象化的性质，并有从较抽象向较具体分层的结构特点。

3. 基模是知识的集合，基模中的内容不是凌乱的，而是按照一定的关联性，以有机的结构预存在我们的大脑中的。

4. 基模的功能是在我们遇到新的信息时，通过动员和组织原有的知识和经验、补足新的要素来对新信息的性质做出判断，预测其结构，对其进行处理，以确定我们对新信息的反应。因此，基模具有预测和决策控制功能。

5. 基模的应用在个人层面上是一个自动的、无意识的过程，但它对我们的认识、判断和行为反应有重要的制约作用。

基模的种类可以分为：

1. 个人基模——我们对特定个体的特点和目标的看法；

2. 自我基模——我们对自我特征的看法；

3. 角色基模——类似于丹尼尔·戈夫曼社会角色概念，根据社会身份、地位产生的期待；

4. 事件基模——也称"剧本"，主要指描述我们所熟悉的事件的程序。

罗伯特·阿克塞尔罗德基于基模理论提出的信息处理过程模式可以分为如下过程。

1. 当接触到一个新的信息时，我们头脑中相关的基模就会被激活，参与到信息处理的各个环节当中。

2. 当新信息的各项特征与我们的基模相吻合时，我们倾向于按照原有的解释和态度来面对它。

3. 当新信息与我们的基模有不吻合之处时，我们会对新旧信息的各个特征进行比较，补足新的信息，确定新的解释和态度。

4. 新信息的处理结果对基模有两种影响——相吻合时，强化原有基模；相矛盾时，则修改原有基模，形成新的基模。

5. 作为每次信息处理的结果，被强化的原有基模和被改变形成的新基模，都会作为分析推理或判断的依据，参与到下一次信息处理的过程中。

该模型说明，基模在个人对信息进行处理时，起着核对、审查的作用。

大众传播影响着人们基模的形成；基模也影响着人们处理大众传播信息的过程。

大众传播向我们展示了大量受众无法亲身体验的个体、群体、角色和事件。媒体的表达方式也会影响与内容无关的基模（叙事套路）。与人际传播相比，大众传播具有一定权威性，或者至少会让普通受众产生错觉，认为大众媒体的信息都是由专家发出的，这会影响他们新基模的建立和对既有基模的修改。基模的使用过程可以分为受控的和自动的。前者是有意识的，后者参与度低。对大众媒体信息的理解即使出现错误，成本和风险也比较低，因为在大众传播过程中，由于受众个人参与度较低，受众容易通过被动学习形成新的基模。

人们在处理信息时，存在证实性偏差，人们更倾向于证实而不是证伪。在求证不确定的观念时，人们更倾向于默认其真实性，并寻找证据来佐证这一观念。而这与人们的基模有一定关系，证实性偏差对受众信息认知过程的影响，造成了他们对假新闻的迷信和盲从。

有研究者认为，沉默的螺旋形成的社会心理机制——对被孤立的恐惧，与认知基模有很大的关系。认知基模赋予人们对不同角色的期待（角色基模），人们会根据这种角色基模去判断他人的公开表达或行为。

第二节　浸没在网络社会的大潮中

一、突如其来的网络自由

　　《新周刊》曾刊登一文《论杠精的诞生》，文中说道：抬杠不仅仅是两种言论的争辩，更是两个不同世界的碰撞。现实中两个人会因为知晓对方的语境和情景，设身处地地相互谅解，或者是碍于情面、碍于长幼尊卑的地位而压制自己抬杠的冲动；在网络上则不然，两个人完全没有现实的交涉，自然可以畅快地去抬杠了。[1]

　　在现实社会，个体的社会身份具有较强的稳定性和限制性，往往与其性别、年龄、社会地位、社会角色等具有密切联系，因而以社会身份为基础建构的身份认同也具有相应的稳定性和限制性。在互联网世界，人们可以完全脱离现实社会的种种束缚而对自身的网络身份进行创新和建构，从而使得以网络身份为基础建构的身份认同也具有相应的动态性和无限性。

　　在网络空间中，个体可以通过对虚拟身份的建构获得自我的"选择性实现"，即在建构虚拟身份的过程中，有选择地展现自己愿意展现的内容，而对其他内容予以掩饰；同时还可以进行自我的"创造性实现"，即通过虚拟身份的建构来获得自身无法从现实社会中获得的自我实现，如在现实社会中处于边缘地位的个体可以通过在网络空间中成为某个网络群体的中心人物而获得其他群体成员的尊重，从而获得无法在现实生活中得到的名誉感、尊重感和权威感等。[2]

　　在现实空间，社会认同具有"认同""不认同"两种结果，但在互联网时代，网络空间的出现使得社会认同的结果呈现四种类型：即现实空间认同且网络空间认同、现实空间认同但网络空间不认同、现实空间不认同但网络空间认同、现实空间不认同且网络空间不认同。如果网络空间的社会认同与现实空间的社会认同

1　张向荣.论杠精的诞生[J].视野, 2019(14): 32-35.
2　张荣, 刘秀清.互联网时代社会认同的分化与冲突[J].学术探索, 2019(12): 46-53.

不一致的话，网络空间将会对现实空间的认同和不认同进行放大。

由于不同群体在现实空间和网络空间发挥的认同主导作用程度不一，因此在这两个空间形成的社会认同结果有所不同，整体的社会认同进而呈现出一定的分化和冲突。在现实空间，由于核心群体发挥了认同主导作用，边缘群体的认同内容无法获得凸显；但在网络空间，由于边缘群体的认同并没有获得核心群体的明显抵抗，并且由于互联网通信技术的发展，边缘群体的规模得以不断扩大，因此边缘群体的认同在网络空间获得了凸显。[1]

二、民粹主义平台资本的影响

过去的 10 年中，在经济危机和经济衰退中，西方世界，尤其是欧洲和北美洲都出现了明显的左翼的复兴。一个有用的概念是尚塔尔·穆夫（2018）的"左翼民粹主义"，该理论认为，那些声称代表人民反对外国利益的右翼民粹主义理论是自由精英或外国移民的意识形态话语，包括一切可能跟西方语境相关的符号与思想表达方式。左翼民粹主义的出现是对紧缩、衰退、债务、失业、不稳定和不平等的反映，而互联网平台给予了这股浪潮史大的施展空间，甚至给予了更多的实战经验。这些意识形态集团利用这些平台掀起了抗争不公正的社会运动，如：疯狂占领了马德里德尔港的游行（2015 年）；伯尼·桑德斯 2016 年竞选占领华尔街。这些运动是通过社交平台组织的，无论是蓦然形成的舆论浪潮，还是有组织的行动。"脸书革命"无疑是一个夸张的短语，但它包含了一点真理。随着职业浪潮的消退，一些活动人士"从街头转向国家"，从"不掌权就改变世界"转向夺取议会权力。这样的话语释放的方式，显然适应与迎合了完全熟悉网络环境的年轻人，将自我表达与界定他人的权利基础逐渐巩固。对于千禧一代来说，优步、机械土耳其人、任务兔子、送货员和云花的雇用行为都表明了世界正在不断受到"技术冲击"。而互联网资本的不断扩大，更让人们觉得在数字时代，自己已经失去对生活的控制、对美好生活的拥有。对"大规模""闲适优雅"的自由主义符号的攻击走进了美国进步激进人士的视野，也走进了

1　张荣，刘秀清.互联网时代社会认同的分化与冲突[J].学术探索，2019(12)：46-53.

当代网络表达的方式的新视野。与其说，杠或抗击的是人或者事物，毋宁说是一种意识形态，是一种逝去的生活方式。

三、消失的宽容

（一）看不见也摸不到的那个人

在芝加哥学派笔下，民主而美好的生活应该归属于尚未工业化、现代化、让人失去真正自由精神的"共同体时代"，工业带来更为先进的工业生活的同时，也让那氛围归属感破灭了。

电子邮件和社交网络的出现，人与人之间的联系的确更为方便了，但是消失在屏幕后面的脸、消失在滤镜后的表情，也让人与人之间的熟悉感减弱。当无法想象对方的处境，泛化他人的处境时，每个人都是一串符号、一行文字，甚至我们连想象的时间也不想拥有，当想象退场，表情、语气等非文字叙述的微妙部分变得难以传达。

于是我们失去了自我、失去了共情对方的能力，就像是失去了屏障一般，彼此相互恶毒攻击、相互挑衅与批判的情况越来越多。即便是与之无关的第三者，看到这些内容，看到了彼此之间施加的尖酸语言暴力，也会感到不适应。

（二）有"精神洁癖"的虚拟国王

每个人都是具有自我中心化特征的精神世界的国王，当我们将网络世界作为自己思想和意识投射的时候，会自然圈定一个更大的国土疆界，自然也会更多地假设一个更广大的自我中心。这是一种捷径，也是一种依靠个体经验和感知，来去除对生存环境不确定感带来的焦虑。人的自我成长三阶段，就是从自我中心，逐渐走向泛化他人，并伴随着认知提升和心理成熟，去中心化的过程。学会客观看待事物，了解世界的多样性和自我的局限性，能够接纳多数良性客观条件下，自己的观点不会被所有人认同，也能够接纳别人的观点与自己不同。人的生命是在一连串自我中心与去中心的平衡点与结合点中做选择，此即包容感的提升。

西多昌规在提到如何让现代人在生活和工作中训练自己的情绪的心理学小册子《好心情练习手册》中便提到,接受多样性是一种多么大的宽容。"英语中,有一个表示感谢的单词'appreciate'。当别人为自己做了比'thank'更特别的事,便会以此表达谢意。追溯这个词的词源,appreciate的ap是'朝向',preci是'价值'。换句话说,所谓的感谢,其实是认同对方的价值。"[1] 当我们坚持自己的网络空间是自己的地盘的同时,我们更多的是将价值观放大至无形的范畴,用自己的意见去统领视线所及的所有的事物与标准,自己的意见是绝对正确的,价值观甚至说话的方式与自己不同的人都是错误的。这样的想法,会让人渐渐无法容忍他人,"精神洁癖"一触即发。自己的想法、关心的事物和与之有矛盾的人及事物在心中同时存在,当排气阀无法转移到线下的什么人和事情时,就容易出现否定对方且具有攻击性的行为。

网络人群的年龄有大有小,所在位置也有远有近,自然呈现出的世界也应该是多元不同的。正如马克思在《评普鲁士最近的书报检查令》中说到的那样,如果强调探讨的态度是严肃和谦逊的,符合自身网络王国的旨意,那无外乎我们的讨论脱离了内容本身,脱离了事实,脱离了真理,硬生生地转向莫名其妙的第三者;也无怪乎,人们总是拿"非杠勿喷"作为大旗,以显示自己立场的正确性与合理性,这难道不也是一种不宽容的无声的自由控制阀吗?他甚至在《资本论》第一卷第一版序言中说:"你们赞美大自然悦人心目的千变万化和无穷无尽的丰富宝藏,你们并不要求玫瑰花和紫罗兰散发出同样的芬香,但你们为什么却要求世界上最丰富的东西——精神只能有一种存在形式呢?"

但往往有这么一瞬间,人掉入了盲点,那套刻板印象固化了自我中心——对与自己不同的世界深深焦虑,追求"精神洁癖"的思维国王将自己的情绪当作所有的法则。有时,我们还将这个行为上纲上线至伦理道德层面。——可是,每当有人谈论伦理,你都应当意识到,一定有一些人对另一些人的行为方式不满,并希望他们有所改进。

当然上升言论自由是需要小心谨慎的,但禁绝探讨,抑或是失去了同理之心,

---

1 西多昌规. 好心情练习手册[M]. 刘姿君, 译. 北京: 中国友谊出版公司, 2021.

当然也不是对言论自由精髓的追求。现代医学无法做到将催产素用于帮助在社交场合因羞涩而遭熟人冷落的人克服社交羞涩，也无法做到将愉悦身心的荷尔蒙激素做成可随身携带补充的药丸制剂（当然，如果制成了，其商业效果绝对会赶超抗糖丸、褪黑素等产品），我们能做的也仅仅是调动自己的通感，加以共情，来理解大千世界的多种要素与价值共在。

（三）"自我"的不稳定性

关于"自我"这个概念，知名的美国实用主义学者乔治·米德认为：自我是每一次我对想象中的自己与我实际对自己行动的调整的统一体，如果无法想象对方，自我的主我部分就失去了存在的基础，也就无法把握预期行动，更无法做出合适行动路线的选择，客我也就不复存在。自我的整体便失去了稳定的基础，飘摇而因事易事，更无法界定自己的言辞行为是否合适，镜中自我也就失去了基础。

不能说杠精就是网络社会中固定存在的一群人，而且在网络中，许多人一不留神就会陷入思维定式中，被贴上这类标签。也不在于其语言逻辑有多差，前后矛盾有多少，而在于情绪起来后，其无法选择具有共识性的行动逻辑和路线。

当然也不得不承认，存在着一类真正缺乏稳定自我认知的群体，他们受制于年轻时期的生活环境，在面对多元对象和多种思维大潮时，没有找到合理的处置路线，深陷于更具有话语吸引力的表达方式，在网络世界中把这种无规则意识或者叛逆意识的"顽童"特征表现得淋漓尽致。

第三节　社交网络：愤怒制造机

一、计算社会：信息茧房、过滤泡与回音室

计算机主导的社会俨然已经成为媒介社会学、计算社会学的基础，人工智能、算法推荐、大数据、社交媒体、新闻客户端的热门主题。大量使用算法推荐和计算科学，使人们对群体和爱好的认知逐渐固化。

（一）好像拥有了全世界的信息 vs 信息饥渴

"信息茧房"（information cocoons）最早由凯斯·桑斯坦在其著作《信息乌托邦：众人如何生产知识》[1]中提出。在信息传播中，因公众自身的信息需求并非全方位的，公众只注意自己选择的东西和使自己愉悦的领域，久而久之会将自身桎梏于像蚕茧一般的茧房中。信息茧房通常以"个人日报"的形式呈现，伴随着网络技术的发展，每个人都可为自己量身打造一份个人日报。当个人被禁锢在自我建构的信息脉络中，个人生活必然走向程序化、定式化。随后，伊莱·帕里泽（Eli Pariser）在其著作《过滤气泡：互联网没有告诉你的事》中提出"过滤泡"（Filter Bubble）的概念，他发现搜索引擎可以随时了解用户偏好，并过滤掉异质信息，为用户打造个性化的信息世界，但同时也会筑起信息和观念的隔离墙，令用户身处在一个网络泡泡的环境中，阻碍多元化观点的交流。帕里泽提出，这种过滤泡盛行于互联网，个性化搜索、新闻推送，以及其他以用户为导向的内容限制了我们接触新知识和新观点的范围和途径的观点。[2]过滤泡是对信息茧房更具象的阐释，后者的出现首次将批评"信息茧房"的矛头指向了信息技术或者传播媒介的幕后操作。

（二）听见自己的声音，知道自己有多正确

生活在一个由计算机打造的信息世界中，每个人似乎都成了电影《楚门的世界》中的那个"幸运儿"，听到的是玻璃房子那端传来的回音。桑斯坦还为此创制了一个词语——"回音室"（echo chambers），用它来隐喻网络时代信息传播的局限性。个体在提出自己的观点、主题时，会聚合大量与自己观点类似的信息，挑选出让他们愉悦的信息来接收，排除异己的声音，使个体原本的观点和声音得到印证和加强，而这种虚伪的印证实际上只是个体在"信息茧房"之中对自我回音的

1　桑斯坦.信息乌托邦：众人如何生产知识[M].毕竞悦，译.北京：法律出版社，2008.

2　Eli Pariser. The filter bubble: What the Internet is hiding from you[M]. New York: 2011.

放大。[1] 大数据计算技巧的不断精进，让越来越多人沉浸在计算精英们构筑的这道墙壁中，"文化部落主义" [2] 应运而生。

早先，一份名为《谷歌的意识形态回音室》的谷歌内部宣言引爆了舆论，战火从谷歌内部燃烧到了硅谷，甚至是整个美国。在一次次舆论交锋中，核心的命题在于对回音室效应本身的理解。文章的作者认为谷歌有意避开某些讨论，从而造成公司内部文化环境越来越"左"倾。他罗列了一些证据。

1. 谷歌的政治偏见已经将心理安全与不能被冒犯画上了等号，但羞耻到不敢表达也处在心理安全的对立面。

2. 这种沉默造成了一个意识形态的回音室，在这里一些想法已经神圣到了不能被诚实讨论的地步。

3. 这种讨论的缺乏滋生了造成最极端（极端，所有差异的出现都源于压迫）也最极权（极权，我们应该区别对待以纠正这种压迫）的意识形态的元素。

4. 男女性别特征上的差异从某些方面可以解释为什么在科技行业和领导层并不存在 50% 的女性代表。

5. 区别对待以达到平等代表权的做法是不公平的、有争议的，且对商业不利的。

作者的核心观点在于：在一个相对封闭的环境里，一些意见相近的声音不断重复，并以夸张或其他扭曲形式重复，令处于相对封闭环境中的大多数人认为这些扭曲的故事就是事实的全部，这成了企业内部的隐患。尽管后期，讨论的重点变成了企业内部刻板印象文化的展开与屏蔽、女性在科技企业和社会文化中的认同，舆论逐渐跑偏。但是意识形态相左或高度趋同能产生巨大的漩涡，也足以证明作者写文章的初衷。

当在一个网络空间里，如果你听到的都是对你的意见的正向反馈，你会认为自己的看法代表主流，从而扭曲对一般共识的认识，这是回音室效应的突出表现。

---

1 桑斯坦. 信息乌托邦：众人如何生产知识 [M]. 毕竞悦，译. 北京：法律出版社，2008.
2 胡泳. 新词探讨：回声室效应 [J]. 新闻与传播研究，2015，22(6)：109-115.

每一个回音室又有其自身的"信息流瀑动力"（cascade dynamics）。[1] 即使关于某事件的错误信息或谣言已经被纠正过来，也不会彻底消除其对受众态度的影响，这种绵长、持续的态度影响（lingering attitudinal effects）被称为"信念回响"（belief echoes）。[2] 想来，饭圈群体通过创造并运作极具情绪性的话题，以激发社交平台上无关用户的关注，这是回音室效应的终极形态之一[3]。关于饭圈文化，我们也将在后续章节中具体展开论述。

"回音室""过滤泡""信息茧房"这三个概念既有联系又有区别：回音室强调的是回音，即意见的同质性；过滤泡强调的是社交媒体中的人际关系，以及算法推荐功能带来的信息过滤效果；而信息茧房强调的则是个性化所造成的束缚。[4] 回音室效应不完全等于信息茧房，这个概念更多地强调群体或系统的封闭，这不仅仅源于信息视野的狭窄，也源于群体互动，但它和信息茧房有着相似的心理机制。[5]

被数据精英们鼓吹的算法推送与协同过滤机制为信息茧房和过滤泡的形成提供了客观条件。个性化推荐系统的主流算法是协同过滤，它包括：以用户为基础的协同过滤（user-based），即分析用户之间的相似性，假定相似的用户有相似的偏好；以产品为基础的协同过滤（item based），当用户多次关注了某一类信息，就假定他对该类信息感兴趣。协同过滤让更多相似的用户被主观地聚集在一起，从而窄化了用户选择信息时的关注范围。[6] 注重技术性匹配的聚合类媒体正在逐渐通过机器学习和推荐引擎技术，向用户推荐与其兴趣和价值观高度匹配的更为个人化的信息，让用户陷入由过滤泡制造的虚拟信息图景中。[7] 算法推送机制的黑箱人为地帮助用户建构具

1 Bessi A, Coletto M, Davidescu G A, et al. Science vs conspiracy: Collective narratives in the age of misinformation[J]. Plos One, 2015, 10(2): 1–17.

2 Thorson E A. Belief echoes: The persistent effects of corrected misinformation[J]. Political Communication, 2016, 33(3): 460–480.

3 徐安. "回音室效应"视角下的中国社交平台"饭圈"文化 [J]. 新媒体研究, 2020, 6(3): 120–122.

4 丁汉青, 武沛颖. "信息茧房"学术场域偏倚的合理性考察 [J]. 新闻与传播研究, 2020, 27(7): 21–33,126.

5 彭兰. 导致信息茧房的多重因素及"破茧"路径 [J]. 新闻界, 2020(1): 30–38,73.

6 许向东. 在全新的传播格局下破解"回音室效应" [J]. 人民论坛, 2020(18): 112–115.

7 姚文康. 聚合类新闻客户端的"信息茧房"效应及反思：以"今日头条"为例 [J]. 传媒论坛, 2020, 3(3): 151,153.

有单一信息脉络的内容体系，这无疑会令用户越来越沉溺于自己的回音室，在信息茧房中越陷越深。[1]算法价值观念被内嵌于代码的编写与设计之中。[2]算法设计本身必然渗透了一定的社会价值观，算法对信息的分类、检索和传播可能无意中成为某种社会偏见的帮凶，再次复制社会存在的种族歧视或者偏见。[3]

从个体层面来看，信息技术与移动互联技术所共同促成的当下海量信息与个体化消费的现状，将更多指向"选择"，每个人的个人媒介选择都存在巨大的差异。美国学者沃纳·赛佛林指出，个体倾向于接触那些与原有态度一致的传播，而避免接触与自己的意愿不合的传播，并倾向于注意消息中那些与其现有态度、信仰或行为非常一致的部分。[4]保罗·拉扎斯菲尔德在1940年关于美国大选的研究中就已提出：受众更倾向于接触那些与自己原有立场、态度一致或接近的内容。选择性接触的结果不是导致原有态度的改变，而有可能是原有态度的强化。[5]费斯廷格认为，人们并不会仔细辨析他们遇到的大部分新信息，而只是将之与既有知识进行简单的比较后就决定选择、接收和听信哪些信息。[6]当个人在收到与兴趣相关的信息时会产生精神愉悦感，这种精神愉悦感将鼓励个体进一步去寻找下一个让其产生精神愉悦感的信息。而媒介技术与新媒体的飞速发展为个体主动选择感兴趣的信息提供了技术支持及平台支撑，使个体的传播地位得以提升，多样信源和多元信息则为其主动性的发挥提供了广阔空间。[7]

从社会层面来看，基于本人的社会关系所形成的信息，对个人的信息接收有着非常强的过滤机制。人们很难通过以"自我"为中心的连接点接收到自己所属环境以外的世界。[8]从传统的编辑把关转为个体兴趣至上，过滤机制无疑增强了人们

1　郝雨，李林霞.算法推送：信息私人定制的"个性化"圈套[J].新闻记者，2017(2): 35–39.

2　王茜.打开算法分发的"黑箱"：基于今日头条新闻推送的量化研究[J].新闻记者，2017(9): 7–14.

3　张赛，刘明洋.算法权力批判：算法型新闻如何建构现实[J].新闻爱好者，2020(5): 94–96.

4　赛佛林.传播理论：起源、方法与应用[M].郭镇之，译.北京：华夏出版社，2000: 71.

5　拉扎斯菲尔德.人民的选择：选民如何在总统选战中做决定（第三版）[M].唐茜，译.北京：中国人民大学出版社，2012: 65–71.

6　费斯廷格.认知失调理论[M].郑全全，译.杭州：浙江教育出版社，1999.

7　张爱军，师琦."信息茧房"的认知偏见及其校正[J].行政科学论坛，2020(1): 5–12.

8　彭兰.导致信息茧房的多重因素及"破茧"路径[J].新闻界，2020(1): 30–38,73.

捕获自己回音的能力，拥有相同意见的声音直接抱团，以对抗另一种声音。这样极易使个体陷入信息闭环和信息孤岛，进一步对信息进行有选择性的注意，这也就意味着社会全景有着支离破碎的风险。[1] 媒体在进行个性化报道的过程中会对人们所接触的新闻内容进行限制，使人们无法接收多元化的信息，所以人们会对媒体提供的民主社会产生消极情绪。同时，作者乐观地表示，过滤泡并不会带来过大的负面影响，相反，会在多党制国家的政治参与中发挥一定的积极作用。[2] 信息茧房可能会破坏网络公共领域的构建，引发群体极化现象，破坏公共维度。[3] 在这样的环境下，公共传播平台更为稀缺和重要。[4]

对信息茧房表现的行为模式进行拆解后发现，其作用机制在信息内容、个人消费偏好及性别等方面存在差异，而后产生了游走型行为模式（阅读完其他信息后继续进行前一类型的信息的阅读）和持续型行为模式（在同一类型的新闻中持续阅读）。两种行为模式会随着人们的内容消费偏好指数增大而日益增强，当一个人的信息茧房越强时，他出现这两种行为模式的可能性就越大。硬新闻消费中的持续型行为模式出现的可能性最大：在硬新闻方面，尤其是财经新闻，信息茧房明显存在，读者会持续消费这一类新闻；女性的信息茧房强于男性；年轻人受困于财经新闻的信息茧房的情况更为明显。[5]

二、乌合之众：群体极化、群体分化与兴趣固化

（一）群体极化：一群人搞事情

2021.7.13　河南驻马店市，6名十来岁的孩子在一公园湖里溺水，被送到医

1　胡江伟，周云倩.新闻算法分发的技术伦理冲突及其规制[J].青年记者，2020(3): 29-30.

2　Bor Gesiusfjz, Trilling D, Judith M, et al. Should we worry about filter bubbles[J]. Social Science Electronic Publishing, 2016(3): 10-11.

3　胡婉婷."信息茧房"对网络公共领域建构的破坏[J].青年记者，2016(15): 26-27.

4　陈刚.大公共传播平台正在成为稀缺资源[J].电视研究，2013(11): 15-16.

5　陈华珊，王呈伟.茧房效应与新闻消费行为模式：以腾讯新闻客户端用户评论数据为例[J].社会科学，2019(11): 73-87.

院时都已身亡。

2021.7.10　湖南湘潭县河口镇，7名青少年外出野泳，其中5人不慎溺水，等他们被打捞上岸，5人已全部溺亡！

2021.7.7　山西永济市蒲州镇，6名学生（年龄在15岁左右）去黄河边游玩，不幸都被水冲走！经紧急搜寻，5人被打捞上岸时已溺亡，还有1人失踪！[1]

暑假是儿童溺水事件高发的时段。据新华网报道，我国每年约有5.9万人死于溺水，其中未成年人占据了95%以上，农村儿童溺死率远高于城市。2021年6月和7月，全国发生青少年溺亡悲剧逾20起，其中多起为野泳溺水。[2]不争的事实在于，对是否要进入未知水域嬉戏，群体最后达成的共识与个人独立判断给出的答案多少有些差异——群体性决策更为冒险，成年人也是如此。在短暂的讨论后，个体会改变他们之前的决定，即使是来自不同国家、不同职业、不同年龄的人，结果也都是一致的。他们经过讨论得出的结果都更倾向于冒险，这一现象被称为"群体极化"。

这个概念最早由詹姆斯·斯托纳于1961年针对群体讨论时的现象而提出。群体极化是指，群体在进行决策时，往往会比个人在决策时更倾向于冒险或保守，向某一个极端偏斜，从而背离最佳决策。在阐述论点、进行逻辑论战时，一些成员变得具有防御性。当他们面对挑衅时，态度会变得更为固执，甚至走向极端。相较于个人单独行动，群体成员更愿意拿组织资源去冒险。

英国和澳大利亚的研究证实，群体讨论可以放大积极或消极的倾向。当人们彼此分享关于某一群体的消极印象时，讨论会支持他们的消极印象，增强他们对该群体的歧视。而当人们分享对不公正的关注时，讨论可以增强他们的道德关注。

在管理学和心理学理论中，我们早就发现了日常生活的中群体决策带来的

1　澎湃. 3起事故16名孩子身亡！暑假学生溺水事故高发这5大"漏洞"要堵上！ [EB/OL]. (2021-7-16) [2022-5-9]. https://m.thepaper.cn/baijiahao_13618005.

2　极目新闻. 溺水成青少年"头号杀手"，两月悲剧逾20起！专家建议暑期设"儿童主任"托管农村儿童[EB/OL]. (2021-7-18)[2022-5-9]. https://baijiahao.baidu.com/s?id=1705618362828035232&wfr=spider&for=pc.

风险。

例如,法国心理学家塞尔日·莫斯科维奇指出,讨论可以强化群体成员的普遍倾向,强化对总统所持的积极态度和对美国的消极态度。[1]

日本学者矶崎发现,日本大学生集体讨论了某起交通事故后,给出了更明确的"有罪"判定。桑斯坦2007年的观点:如果陪审团成员倾向于赔偿损失,群体讨论的赔偿数额往往高于陪审团成员提出的中位数。

交流交往维系了我们的社会结构和蕴含其间的价值观,格奥尔格·齐美尔也说,社会性的整体生活肯定不是从整体性的结构构建起来的,研究社会一定要从个体行为的社会意义开始。[2]所有的人类传播都代表着某种交流,这种交流对于个体来说具有交互的效果:个体通过各种形式与社会相互联系,人际互动是社会的根本,体现出了社会的复杂性与多样性;而个人通过社会化的过程实现了自我建构与提升,交流在彼此之间的社会距离不断改变的个体之间发生。为了满足某些基本需要,诸如友情、侵略、收入、受教育或其他渴望达到的目标,人类相互之间发生联系,进而随着事件发展形成稳定或固定的社会文化结构。我们生活的世界,以及这种社会属性决定了,我们的决策或多或少会受到别人的影响,我们总是寻找一致性的意见或建议,从而达到最终结果。

生活中,由于受到社会圈层作用,人们总是和自己相仿的对象交流,相似性的观点不断被固化,我们最终构建起熟悉的刻板印象世界。诚然,性别间存在差异。如:斯坦福大学著名的心理学家埃利诺·麦科比指出,男孩群体和女孩群体的性别隔离能够加强他们最初中度的性别差异。男孩们在一起游戏时,会渐渐变得富有竞争性并做出行动取向。[3]

圈层群体在政治和犯罪领域中都存在,如政党成员间的相互任命,观点相似

1 Talkroom.为什么一堆人在一块儿容易"搞事情"? |群体极化|社会心理学[EB/OL]. (2018-4-6) [2022-5-9]. https://zhuanlan.zhihu.com/p/35368346.

2 齐美尔.社会是如何可能的:齐美尔社会学文选[M].林荣远,编译.广西:广西师范大学出版社,2002.

3 Talkroom.为什么一堆人在一块儿容易"搞事情"? |群体极化|社会心理学[EB/OL]. (2018-4-6) [2022-5-9]. https://zhuanlan.zhihu.com/p/35368346.

的法官间的相互判决支持。数据显示，在 2008 年的美国，全美 89% 的商店支持贝拉克·奥巴马，而 62% 的餐馆则支持其对手约翰·麦凯恩。所以，美国变成了一个分歧越来越多的国家。大比例支持一位候选人的郡县（将 60% 甚至更多的选票被投给一位总统候选人），在 1976 年至 2008 年间几乎翻倍。如果家附近住了个不良少年，那么团伙作案带来的破坏力是第一个不良少年的 2 倍多，1+1 由此实现了大于 3 的效果。实验发现，将未成年犯罪者和其他少年犯放在同一个群体中，会提升问题行为发生的概率。

群体极化也未必永远是一件坏事，在黑人权利运动、废奴运动和女权运动中，我们看到了群体极化的双重意义：一方面促进群体意见一致，提高群体的凝聚力；另一方面，放大错误的判断和决策，不利于后期运作。

（二）为什么群体在一起会失去理智？

在回音室内，群内个体们围绕着共同关注的话题展开讨论，在这种交流下，更容易听到观点相同的言论而忽略不同的意见，其结果是个体所持有的观点不断被强化，朝着极端的方向发展，情绪化和非理性特征逐渐增强。[1] 勒庞的《乌合之众：大众心理研究》中指出，当个人成为群体中的一部分时，他便获得了一种集体心理，这使他们的感情、思想和行为变得与他们单独一人时的感情、思想和行为颇为不同……他不再是他自己，他变成了一个不再受自己意志支配的玩偶。[2] 处于群体极化过程中的个体仅仅在特别营造的小天地之中得到虚假的保证，仿佛与自己的信念相抵触的事实全都不再存在，信息或想法在一个封闭的小圈子里得到加强。[3] 身处封闭环境中的个人，其认知水平和媒介素养将不断退化，进而影响到其价值观的确立。对整个社会而言，长期的异质性缺失，势必将造成群体的极化。[4]

1 许向东.在全新的传播格局下破解"回音室效应" [J].人民论坛, 2020(18): 112-115.

2 勒庞.乌合之众：大众心理研究[M].冯克利，译. 北京：中央编译出版社, 2004: 14-18.

3 胡泳.众声喧哗：网络时代的个人表达与公共讨论[M].桂林：广西师范大学出版社, 2008: 218.

4 刘华栋.社交媒体"信息茧房"的隐忧与对策[J].中国广播电视学刊, 2017(4): 54-57.

缺少同异质观点的接触，导致群体异质性增强，群体将脱离社会发展[1]，从而在另一个层面上造成了群体间的严重分化。社会的共同经验减少，导致了社会黏性被削弱，社会的基本共识被信息茧房破坏，社会共同体的维系也因此产生了问题。除了社会群体性的问题，个人也因信息茧房受到负面影响，这主要表现在个人兴趣方面。[2]

当然，主流媒体等是否会消解信息茧房，或者说算法是否会真正带来负面效果，仍然存在争议，但完善技术算法并提高个人媒介素养，在改善群体极化和增强社会黏性方面，仍然是讨论社会情绪冲突、舆论冲突的最终诉求，是建立一个理性参与的社会的前提。[3]

信息的影响：人们在群体讨论中可以产生一系列观点，尽管沉默的螺旋在发生作用。人们即使不了解他人的特定立场而只是听到相关观点，也仍然会改变自己的立场，更何况，在讨论中的积极参与会比消极聆听更容易转变态度。参与者和观察者听到的是相同的观点，但是一旦参与者用自己的话语表达该观点时，言语的使用就会扩大这种影响作用。群体成员对别人观点重复得越多，他们就越有可能在不断的复述中认同这些观点（Brauer & Others，1995）。事实上，仅仅对某一观点思考几分钟也会使看法得以强化。或许你会回想起，当你仅仅想起某个你不喜欢或喜欢的人时，你的感受也会变得极端起来。甚至，当人们只是设想自己将和某个持有相反观点的专家一同讨论某一事件时，他们也会充满动力地去组织论证并且采取更为极端的立场。

规范的影响：社会心理学家费斯廷格的社会比较理论认为，我们人类希望能对自己的观点和能力做出评价，为此我们可以将自己的观点与他人的进行比较，我们常常被参照群体中的人们所说服。所谓参照群体就是与我们相一致的群体。而且，当我们发现其他人和自己持有相同观点时，为了使其他人喜欢我们，我们

1　姚文康.聚合类新闻客户端的"信息茧房"效应及反思：以"今日头条"为例[J].传媒论坛，2020，3(3)：151,153.

2　胡婉婷."信息茧房"对网络公共领域建构的破坏[J].青年记者，2016(15)：26-27.

3　彭兰.导致信息茧房的多重因素及"破茧"路径[J].新闻界，2020(1)：30-38,73.

会将观点表达得更为强烈。

错觉：群体成员往往会在相互支持和印证中提升所有成员的自信心。因而，群体往往表现出过分的自信，以至于蒙蔽了双眼，看不到所有的危险。

集体的智慧与道义：群体在自信爆棚、决策高度冒进的时候，会自认为自己站在道义的一边，却忽略了伦理和道德上的问题。例如，明知道侵略战争不符合伦理和道德，但侵略者似乎从未有过道德上的疑虑。群体成员会通过不断想象，修饰自己的行为。群体成员会因群体决策而不断合理化自己的行为，这其实是对自己行为的一种掩饰。虽然有所怀疑，但随着向心力不断加强，即使做出不合理的决定，也会因为这种向心力而合理化自己的决策。当个体有所怀疑与质疑时，核心成员或群体领袖便站出来保护群体，使得那些质疑群体之声不会干扰到群体的行为。[1]

（三）网络群体极化的放大效应

群体极化算不得是网络社会的新名词，只不过网络放大了圈层间结合的可能性，赋予了更多排列组合的机会，亚文化群体、粉丝群体、各种趣缘群体在网络空间生根发芽，开枝散叶。当某个热点事件爆发时，其点击量迅速增加，关于此话题的新闻、内容都被纷纷爆出来了，尤其是当名人或知名媒介组织发表了一些言论后，小团体会保持团体凝聚力，继而做出一些极端的行为。正如刘学州事件后，网友指责《新京报》的不合理报道造成了这场悲剧，在一片洗榜灌帖的情绪宣泄后，这家知名媒体关停了自己的账号留言评论功能。因而也有人说群体极化可以说是网络社会中一个丑陋的特点。

社交媒体时代，人人都是内容生产者。社交媒体进入门槛低、观点发表颇具便捷性，让思想交流方式产生了本质上的变化。人们的观点不断极化，只在乎观点发布者身上的某个标签。

---

1 Macre, C, N, Bodenhausen, G, V, Milne, A, B, et al. Social influence and the verifiablity of the issue under discussion: Attitudinal versus pbjective items[J]. British Journal of Social Psychology, 1994(35): 15−26.

虽然网络看上去为每个人提供了无限资源来塑造自己，提供了广阔的观点来扩展知识，但实际上社交媒体界面的设计加速了群体极化，让人们的思维越来越狭隘。当思维相近的人汇集在一起，小群体成员逐渐屏蔽了外界的声音，思维在相互强化中更加极端。甚至无须沉浸在其中，观点就如奥密克戎的气溶胶效应一般，让人被轻易传染。网络冲浪的匿名性瓦解了人脑内紧绷的社会规则的弦，人在具有匿名性的环境下更容易松动。无论是话题标签tag，还是用户名称、自我介绍tag，数字化的一切让人的网络身份更加平面化和标签化。于是社交软件环境下特有的自我匿名性（dehumanizing），会在极大程度上减少人的同理心，让人没有任何心理负担就对他人恶语相向。只是网络社会是我们真实世界的复制与投射，我们在网络上投射的感情是真实的，交友也是真实的，受到的伤害也是真实的。

三、社交媒体：愤怒制造机

"一个市场已出现，在那里，愤怒是一种商品，而羞辱是一种产业。"[1] 社交媒体不仅包含了我们想要知道的信息，还包含了挫败感、伤害欲与愤怒助推力。2017年，纽约大学用机器分析了超过50万条推文，发现使用更多"道德—情感"语言（如邪恶、耻辱、毁灭等）的推文更有可能传播开来。根据他们的分析，每当推文中出现一个道德—情感类词语，就会使该信息的传播率提高20%。这足以说明，网络平台放大了那些最情绪化的反馈，而不是提供精细的有分寸的声音。当与公共话语的另一个特征结合起来的时候，就会扭曲对公共对话的看法，扭曲表达的真实输出。况且，研究进一步发现，"道德—情感的表达在内群体网络中比在外群体网络中扩散得更厉害"。当长时间持续生活在情绪化的信息环境中，温和的立场基础就会瓦解，极端言论大行其道，人们进而会用污名化、羞辱化的词语相互攻击。羞辱的对象可以是普通个人，也可以是公众人物，甚至可以允许成千上万的人参与在线下社会中无法实现也不被允许的集体羞辱。羞辱的手段丰富多样，

1　胡泳.社交媒体何以变成愤怒机器[EB/OL].（2022-2-26）[2022-5-14].https://huyong.blog.caixin.com/archives/254687.

将受害者带到全球注视的网络地球村中公开处刑，使其社会性死亡。当个体被定义为异类时，对被定义者来说，羞耻感是一种社会性的区隔与厌恶，被定义者被当作群体罪人或污染源，感到渺小、无力和无助，唯一能反抗的充其量也不过是反向羞辱。

早在 2013 年，来自网民猛烈的恶评就曾让人失业或失去正常生活。和现实不同，人们一旦上线就容易陷入狂热。欧文·弗拉纳根（Owen Flanagan）认为，羞辱是个人情感控制在当下的产物。而凯西·尼尔（Cathy O'Neil）则认为，羞辱是以此牟利的"羞辱机器"的产物，比如强大的社交媒体公司。"羞辱"的力量在于，它成了一种社会境况，人们难以避免它的伤害，"下线"也不是解决办法。

刘学州在发帖最初不会意识到这是将自己推向生命终结的一条不归路，也不会意识到自己会在媒体的放大加工下收获无尽的肆意羞辱。对于这种闲来一句的杠，抑或是有目标的羞辱，一时间不知是否还能用恒定的道德标准来规范？法律又能在多大程度上管控网络暴力？应该受到惩治的是平台还是发言者？

但是至少我们确信，进步主义和改良思维的期许在互联网时代并不适用。我们在失去面对面交往、来回交锋探讨问题的机会时，受到了更多单向传播和信息轰炸，直播、短视频、微博等无一不是营销媒体的渠道，人们无意倾听对方，对实际的沟通和交流没有助益，甚至也已经超出了新闻当事人的把握。人们也不总是对线上行为与线下行为进行切割，我们的在线生活是我们的生活，我们的在线行为也是我们的行为。

愤怒和相互敌意是我们管理世界的符号与武器，每一次的羞辱带来的是更多的愤怒，毕竟谁不喜欢一来一回输出，网络平台谁不喜欢流量与算法，愤怒在这里，应该算是一种最好的商品。

2022 年上海新冠疫情之时，我们对新冠疫情的持续蔓延产生的生活失控感，越发聚集成为一种潜在的愤怒力量。愤怒的情绪就像一条游龙，希望找到最容易承受它的那个社会环节。当上海某女士拜托外卖小哥给患有听障的父亲送亲手制作的食物，而外卖小哥感动于这种亲情，勇敢出行，花费一个晚上来回数十公里，送达温暖时，他的心和为他充话费的女士的心一样，都是善良而温暖的。但对新冠疫情蔓延、物资匮乏的焦虑和无端愤怒，化作了网络暴力，通往了最虐心的道路，"堕楼殒命"的沉重结局让人不寒而栗，也让《人民日报》当时的报道更为辛酸。她、媒体、小哥所在的平台都无法预料到后续的网络暴力，看似无心的指责（钱太少了），在正义凛然的伪装之下体现出的是最卑劣的人性、最恶毒的咒怨、最冷血的攻讦，以及站在道德制高点的自鸣得意。自诩代表了道德的立法者，也是道德的护卫者、审判者和执行者，而所谓的道德，往往是情绪化的、幼稚的、随心所欲的。个性化的愤怒情绪在只有只言片语的跳脱语境，发挥了秃鹫之力。每个个体都不应将这种来自社会愤怒机器的暴力内在化、合理化[1]，甚至要求别人去提升自身，这与暴力规训有何不同？

1　恋人的旧事.打赏外卖小哥 200 元的上海女子坠楼身亡事件：人必须学会承受 [EB/OL]. (2022-4-18) [2022-5-9]. https://3g.163.com/dy/article/H5 7R 91PQ05521G2U.html.

第三章　国内真的多杠精？！

第一节　网络低语境文化与高语境文化

一、网络语言：网络社会交往货币

（一）建构社会共同体的语言

1887年，德国社会学家斐迪南·滕尼斯在《共同体与社会：纯粹社会学的基本概念》一书中采用了"共同体"一词："建立在自然情感一致基础上，紧密的、排他的社会联系或共同生活方式，会产生关系亲密、守望相助、富有人情味的生活共同体。"[1] 人类共同体的构建出于三个基本要素：共同目标、身份认同和归属感。[2] "语言是人们彼此交流时最重要的工具，也是思想的载体、身份的象征，是认同乃至社会群体形成的纽带，是文化变迁的指示器。语言是结成共同体的黏合剂，语言与人类共同体之间有着积极密切的关系，甚至某个共同体使用的语言越是独特，它的凝聚力就越强，反之亦然。"[3]

20世纪美国著名的社会哲学家米德的语言符号理论开辟了语言研究的社会学

1　滕尼斯.共同体与社会：纯粹社会学的基本概念 [M].林荣远，译.北京：北京大学出版社，2010.
2　隋岩，陈斐.网络语言对人类共同体的建构 [J].今传媒，2017, 25(5): 4-10.
3　隋岩，陈斐.网络语言对人类共同体的建构 [J].今传媒，2017, 25(5): 4-10.

转向，米德将语言看作一种社会符号和社会组织原则。米德认为，语言的产生使得社会个体拥有了完整的自我，社会个体进而运用言语行为的交往功能与社会中的其他个体连接起来。[1] 语言不但能构建社会现实，而且能构建事物的秩序，这意味着在一种单独的文化形态中，人们能使用语言符号给各类事物和行为命名，而且这种行为还同自我意识连接在一起。整个社会过程进入个体的经验之中，这使人类的理性交往成为可能，语言只是扮演了其中的媒介。在米德看来，心灵、自我意识，甚至包括社会建构都是一个动态的过程。

所以只要为人类的交际服务，它就是活的、变化的语言，必然会新陈代谢。任何一个社会，只要不是完全封闭的，只要在不断发展，就会出现新的词语，事物就会出现新的意义。语言是进行群体划分的重要工具，但往往因为语言本身的使用边界非常模糊，所以语言之间的互动也常常隐藏冲突，隐藏着一个群体对另一个群体的挑战，甚至征服。

（二）作为网络情绪和文化载体的语言

来到网络时代，用户可以通过互联网更加便捷地加入多个群体，满足并体验多种认同和角色。用户可以自主创建群组、圈子和社区来分享信息和沟通交流，建立关系和寻求认同感、归属感。"语言是社会文化的产物，同时也是它的重要载体。网络流行语的使用不仅是一种语言现象，也是网络时代的文化景观。网络流行语从本质上来说是现代语言的一种社会变异，是伴随着网民这一群体的出现而产生的社会语言现象。"[2] 网络流行语的背后是语言和社会结构的共同变化，折射出中国社会语境的变革、大众文化的狂欢，以及亚文化的发展和抵抗。网络语言更是一种经过技术加工的产品，被具有强大创造力和创作热情的网络用户生产加工出来，得到系统化的设计与传播，增强了共同体成员之间的认同与群体归属感。

1　冯月季.社会交往理性：米德的语言符号理论研究 [J].重庆交通大学学报（社会科学版），2017, 17(3): 123–129.

2　左秀兰.心理语言学和认知语言学视角下网络语言变异 [J].大连海事大学学报（社会科学版），2009, 8(4): 118–121.

作为现代网络语言产生的大环境下的一个新词，"杠精"自然代表了网络语言这一现代网络社会的交往工具在中国语境中所共同具有的特点。

1. 谐音数字化，例如886代表拜拜了，其本身没有意义，只是借助了某种汉语读音来表达情意。

2. 图像符号化，例如；）代表微笑，不管真实心情如何，这个符号给人的感觉总是快乐的，生动形象。

3. 隐喻性：在网络交流时，常常使用这种方式，即用一种概念来说明另一种概念，用一类事物来代替另一类事物，从而达到对后者的认知和理解。

网络语言的本质还在于：它既是思维表达的符号化，也是思想交互的逻辑化、意义世界的计算机化。[1]它对人的认知方式、认知过程、社会交往方式及文化传播本身都产生了深远影响。

如果说社会关系是一种内在关系的再生产，那么语言就是在这个过程中信息和观念传递的渠道，语言使得语境和兴趣文化彼此相连，在网络语言建构的网络共同交往语境中，对社群的网络语言的使用和传播能激发强烈的感情。

在网络世界里，语言符号比以往有了更旺盛的生命力，符号元素被肆意组合、拼凑和重构，文本和再生产的文本被自由、开放、平等、无限阅读和传播。因此，正如前文所言，互联网内的权力在某种意义上成为自由解读及建构文本和语言的权力，因此也成为一种阅读和传播的实践活动，常常以一种符号游戏的形式出现。

网络语言也同样是网络共同体中青年亚文化的表征形式。年轻一代常常把基于互联网平台，以共享情感和共同兴趣点为连接点的虚拟社群作为创造和传播自身文化的空间，他们组成一个共同体，相互依赖，并形成牢固的纽带。不同于主流文化，网络中的年轻人常常有意无意挑战主流文化中的价值、观念和结构，表达他们突破传统、想要创新的生活方式的态度和决心。网络语言作为网络亚文化的直接表现形态，对人们构想网络亚文化，起到了重要的作用。法国社会学家皮埃尔·布尔迪厄在《你说流行语了吗？》中提到，俚语的深层目的是要维护一种贵

1　汪静.网络语言的本质及社会功能[D].上海：东华大学，2007.

族式的区隔，而网络流行语实际上也是一种区隔，让网络语言在某种意义上成为一种亚文化资本，形成一种新的群体定位和小群体身份建构的期望。

在互联网媒介下，网络语言还实现了情绪传递的功能。"这在于，在新的社会交往形式下，群体互动和群体心理的互相影响对互联网传播效果至关重要。网络语言的走红并没有经过人们精心设计和策划推广，而更多地借助群体感染的力量，在彼此互相的效仿过程中实现信息的快速扩散，引发更多人关注，带来不断叠加和强化作用。"[1] 网络语言更多以集体狂欢的方式展现戏谑的情绪，其中既有对消极情绪的讽刺、挖苦，也有对现代社会巨大生存压力不满的发泄。当同一种语言符号经过群体间大量传播和修改后，文字的最初含义往往变得不再具体和明确，语言背后的戏谑情绪成为推动网络语言流行的重要因素。戏谑可以说是对传统、经典结构的解构，是一种双关语。情感是人类社会的黏合剂，而传递情感的网络词语在社会关系的维系中起到了不小的作用，尽管情感本身没有多大的经济价值，但其可以推动实现病毒营销的作用，帮助建立信息内容和传播者之间的连接，实现群体内社会情绪的共享。可以说，一个词带有的情绪性越强、越抽象，便越容易传播。

（三）网络语言的暴力倾向

既然网络语言是一种情绪的表达，就自然承载了人类情绪中最容易爆发的冲动——愤怒与暴力。"暴力"是既不符合法律也不符合道德规范的一种强制性力量，有明确的对象，而且是施暴者蓄意为之，会对受暴者的心理或者生理产生一定程度的伤害。"语言暴力"既是一种话语行为，也是暴力的表现形式，施暴者主要以书面语或者口语为载体，用威胁、恐吓、谩骂、歧视等攻击性的语言对受暴者造成伤害，也即借助语言的强制手段来实现干预、限制别人权利的目的。[2] 在线情绪宣泄也助推了这种非常的言语交际行为：从压迫性的恶语到带有强烈攻击性的语言，其中的隐性暴力——话语霸权，难以用法律进行约束，却能通过话语权

---

1 范明.互联网媒介下网络语言的情绪传播研究[J].新媒体研究，2017, 3(22): 1–4.
2 毛向樱.网络语言暴力行为的社会交往分析[J].哈尔滨师范大学社会科学学报，2018, 9(1): 108–111.

控制，以及剥夺别人的话语空间，达到让对方心理产生巨大压力的目的——最为常见和渗透性更强。

而杠精式样的语言，本质上是一种非理性、非正常的言语，相比大多数网络暴力，采用杠精式语言更像是施加冷暴力，或者隐性暴力。施暴者和受暴者的身份都不是固定的，网络语言暴力的产生是一个分散、动态而又复杂的过程。

1. 酝酿潜伏—动机形成：个体的私人恩怨、商业炒作、个人情绪宣泄等。

2. 扩散爆发—暴力冲突：短暂而猛烈的语言暴力，施暴者和受暴者之间的心理博弈。

3. 平息延伸—后果生成：风波平息或继续蔓延，以至于延伸到线下。

由于这些评论多为文字形式，除非被删除，不然可能永久存在，积极和消极的内容聚集起来，受暴者所感受到的心理冲击会比单个或零星的要大得多。[1]

二、高语境语言：隐藏的交往规则

（一）高语境文化与"反语言学"传播

倒不是欧美文化不抬杠，或者没有网络之前人们不抬杠，英语一句："really？"再配上挤眉弄眼的小表情也会让人感到不适。真正的核心问题在于，文化不同、圈层不同，看待一件事物时，人们抓的重点往往相当不同。

爱德华·霍尔在《超越文化》中曾将文化分为"高语境文化"（high-context culture）和"低语境文化"（low-context culture），认为在高语境文化中，"大多数信息或存在于物质环境中，或内化在人的身上，而经过编码的、显性的、传输出来的信息非常之少"[2]。

1. 高语境文化和低语境文化反映在交际方式上，是指使用信息符号编码的差异，但在深层次上反映了思维方式、行为特征，尤其是文化价值维度的不同；

2. 高语境文化中历史、传统、民俗等具备高度的重叠性，绝大部分信息都已

---

1 张瑞敏. 网络时代社会交往的转变研究 [D]. 哈尔滨：黑龙江大学，2018.
2 霍尔. 超越文化 [M]. 何道宽，译. 北京：北京大学出版社，2018：82.

经储存在成形的物质语境中，成为全体成员共享的资源，使其在人际交往中，更擅长利用共有的"语境"进行交流；

3. 高语境文化的成员在表达感情和传递信息方面，喜好用含蓄、简洁、隐晦的方式；

4. 高语境文化是集体主义导向的文化，追求整体和谐，竭力回避对立冲突。[1]

两种语境文化的简单对比如表 3.1。[2]

表 3.1　两种语境文化的对比

东方	西方
人事浑然	人事分明
来龙去脉，模糊预警	预感直观，寓意明确
喜欢用"心"	喜欢用"脑"
人际关系	工作关系
历史意识	现代科技意识
中庸、含蓄、自我中心	直白、外露、自我实现
情、理、法	法、理、情

如果说高语境文化是"意会"的文化，那么我们就可以指称低语境文化是侧重"言传"的文化。[3]

中国文化属于典型的高语境文化，传播严重依赖语境，不仅依赖语言编码，而且总在追寻着超越语境部分。[4] "西方人都认为中国人令人费解，城府很深，不可理喻"[5]，"喜欢拐弯抹角"[6]，而且"即便每个字的意思都得到充分的领会，但由于疏忽了细节，对说话人的想法也还是不大明确……他们善于发现这

---

1 李享锐."网络圈群"的高语境传播研究 [D].保定：河北大学，2021.

2 尤姆.儒学对东亚人际关系和传播模式的影响 [M].北京：北京广播学院出版社，2003: 83-96.

3 刘祖斌.意会与言传：文化语境对人际传播的影响 [J].湖北社会科学，2007(4): 103-104.

4 李红.理解高语境文化：中国传播观念的超语言逻辑 [J].南京社会科学，2022(4): 97-104.

5 罗素.中国问题 [M].上海：学林出版社，1996: 157.

6 明恩溥.中国人的气质 [M].南京：译林出版社，2014: 49-52, 43-45.

些误解，并且加以利用"[1]。在西方的学术理解中，中国人常被认为委婉、谦逊、友善，但有时候又显得生硬而喜欢命令[2]，喜欢"非断言"（non-assertive）和"不辩"（non-argumentative）[3]，相比北美人而言显得更加"间接"（indirect）或含蓄（implicit）[4]。西方人认为，中国人在语言交流时，不仅仅看字面含义及其表达逻辑，还会越过所指，揣摩背后的用意、权利和情感。邓晓芒称之为"反语言学倾向"，即通过对语言的利用而最终扬弃语言，通过调动人的全部身心直觉系统而实现传播[5]。中国人往往会"忽视语言的中介作用，强调体验的直接性，具有强烈的反语言学倾向"，而且"一开始就采取了蔑视语言本身或使语言为政治服务的态度"[6]。欧美文化中极力推行的个性自由、思想自由，大胆演说发表自己的见解，也足以让推崇中庸之道的国人窃窃反问言说者的身份地位和社会角色，评头论足，听锣听音。

在传统汉语文化的传播中，我们需要做的是通过身心体认获得超越语言的外在含义，及"意在言外"，让传播沟通处于一个游刃有余的状态中。汉字的语法结构、文法含义都支持和辅助了这一传播意蕴。

1. 例如，按照许慎的说法，无论是伏羲发明八卦，还是仓颉造字，都基于对天地万物的模拟，即"依类象形"，于是就形成了指示、象形、形声、会意以及在此基础上的转注和假借。从汉字的结构和文法中，我们看到的是约定俗成的社会规范，而且语言的意义要通过整个句子的结构才能展示，语言和现实世界是统一起来的。所以中国汉语言文化实际体现了一种观物取象的思维方式。

2. 汉语的语法自由性导致了表意的蒙太奇化[7]，意义是需要人亲身参与生成过

1　明恩溥.中国人的气质[M].南京：译林出版社，2014：49-52，43-45.

2　约翰斯顿，高红梅.中美在全球商务实体领域冲突的解析[J]//赵晶晶主编."和实生物"：当前国际论坛中的华夏传播理念.杭州：浙江大学出版社，2010：301-304.

3　Oliver R. T. The rhetorical implications of Taoism [J]. Quarterly Journal of Speech, 1961, 47(1) : 27-35.

4　Ma R. The role of unofficial intermediaries in interpersonal conflicts in the Chinese culture [J]. Communication Quarterly, 1992, 40 (3): 269-278.

5　李红.理解高语境文化：中国传播观念的超语言逻辑[J].南京社会科学，2022(4)：97-104.

6　邓晓芒.论中国哲学中的反语言学倾向[J].中州学刊，1992(2)：42-47.

7　李红.理解高语境文化：中国传播观念的超语言逻辑[J].南京社会科学，2022(4)：97-104.

程或者共同创造的[1]，传收双方共同参与完成语境建构。

3. 汉语语法中主语可以消失的特点，也让传播实践变成了循环动态的过程，不会沉浸在单向传输过程中。

所以对于汉语言文化而言，对传播者和受传者来说，每一次传播都是背后的文化与意义上的共享与交换。值得注意的是，汉语文化的高语境性不是一个固化的绝对概念，现实生活场景内有高低语境的区分，地区之间有高低语境的差别，群体内部也有语境差异，到了网络世界，就更是如此。如果网络圈层内部成员相互熟悉，构成了自己的文化背景，高语境传播便出现了。例如，在网络游戏文化圈层中，"吃鸡"是所有接收到消息的成员都能理解的含义，并且他们可以做出一致的行动。如果圈层内部语境不同，而传播者在进行大众传播时，默认潜在接收者跟他/她分享了同样的语境，语境差异就体现在对表达方式和问题处理的不和谐上，话语清晰度、责任归属[2]等的差异就会导致传播者和受传者误会甚至压根无法交流。

（二）遭遇网络社会与网络圈层的高语境落差

结合中国的语境看待网络社会带来的语境差异，我们自然会发现与"杠精"相关的语言暴力和情绪宣泄也来自几重高低语境带来的落差。

1. 在互联网传播蓬勃发展的态势下，不同国家甚至地域的人群采取的文化传播模式不同，但总体来说，是更期待高效、快捷、简短、偏向低语境文化的沟通方式。[3]冲突分析的研究者艾·麦可多大认为，互联网文化就是低语境文化的代表。互联网环境虽然给予个体充分的表达权利，但这种没有限制或限制较少的沟通环境所带来的是没有时空及边界的表达。在感性情绪的刺激下，原本的"对事不对人"逐渐演变成反对发言者本身的"对人不对事"，原本的"我不同意你的观点"变成"我不喜欢你的人设"，互联网环境中的愤怒、恐惧与敌意被无限地放大。

2. 符号的约定俗成性，也促使圈层内部会加工制造一些特定的符号，以实现

---

1 张祥龙.从现象学到孔夫子（增订版）[M].北京：商务印书馆，2011: 129.

2 林晓光.中国由高语境文化向低语境文化移动的假说[J].新闻与传播研究，2009, 16(2): 24-31,106-107.

3 傅蓉青.高低语境理论视域下的网络分歧与压力[J].青年记者，2021(15): 57-58.

更快速的交流，沉浸其中或默认身在其中，都会使得本就存在于高语境文化中的网络圈层更具有自己的高语境性。假定传播对象都是高语境参与者时，低语境符号的进入就会极其扎眼，就可能被定义为"杠"。例如，年轻剧迷群体"嗑CP[1]"，被重新定义的符号有了一定区隔性，只能在特殊群体和圈内传播。网络圈层作为群体的一种形式，群内目标和规范的合意、群体感情和归属感都打造了高语境文化。例如在粉丝文化圈内，用户群体之间的群意识强烈，会通过共同刷榜、造话题等形式实现群体内凝聚力，促成情感产生，加速高语境传播。网络用语用词正是这些高语境群体文化的暗语。

3. 高低语境也会随着代际、时间甚至地域差别产生分歧。例如传统时代小范围的熟人群体密切互动，许多话不需要明说，说出来的话也并不仅仅只是字面上的意思，往往有弦外之音。在语言符号，甚至是视觉符号背后都蕴含着微妙含义，如微笑脸成了最不讨喜的表情，被认为暗含了父母等老一辈网民在跨年龄层的交流中的一种让人惊恐的社交压力。对初代网民来说的微笑脸，被年轻人解读为掩盖内心怒火的假笑脸，年轻人从里面读出了无奈、反讽、轻蔑，发布这种表情更像是大型格斗中的文斗嘴仗，说的是什么并不重要了，不服气的气势和独特的自我认同才是激烈方式背后的认知世界。

4. 当圈层内高语境传播转移到圈层外时，也会造成他人的不理解，甚至被认为是一种杠，例如粉丝在特定微博下进行控评[2]，就会引起其他用户的不满和反对，二者之间或会出现冲突。

第二节　礼法社会下的不顺从

一、礼法社会中的"文"与"辞"

"礼"是指社会、人生各方面的典章制度和行为规范，以及与之相适应的思想

1　CP，couple的缩写，指夫妻、情侣。嗑CP指，喜欢和支持影视及游戏等作品中的夫妻、情侣。
2　控评，又称"空瓶"，是粉丝操控评论，使不利评论下沉，有利评论出现在前排的行为。

观念。在儒家思想体系中，一个经常与"礼"相提并论的概念是"乐"，它们共同形成"礼乐文化"。儒家所倡导的礼乐文化既是一种社会政治理想，也是一种伦理道德原则与规范。[1] 这种文化的最大特征就是用礼乐展现和处理人际关系，进行社会管理，并处理人与社会、人与自然的关系，从而在社会公共生活中形成一种良好的、稳定的社会秩序，营造和谐的氛围。例如，人在社会中生存，必须要亲近应该亲近的人，尊重应该尊重的人，要维护礼、尊礼、守礼。人与天、人与人的秩序和人的性情在这种礼法文化所注重的"亲亲""尊尊"中得以维系，并进而在中国人的意识形态深处沉淀下来，不但成为一种社会秩序，更成为一种宇宙秩序，必须遵守，"尚礼""守礼"是人生的大道，更是世界的道义。[2]

当然，在中国，"法"——为统治阶级服务，管理国家和社会，调整人与人之间的关系、人与社会关系的强制规范——也是以秦为代表的一些朝代所推崇的。随着管仲学派的形成，礼法之间时常上演调和博弈。从历史的维度上看，礼法融合充分与否影响国家统治稳定长久与否。

礼法用今天的话来说就是伦理道德，是社会政治、经济及人们日常生活和人际交往的指南，是行为准则和道德规范。追求礼法文化的调和，表达了人们对追求和谐、崇尚和谐，构建大同社会的期待。在网络社会中，礼法和谐依然是符合国家乃至个人的实际与切身体验的。

"文采"和"文辞"在儒家的语境中也是要符合礼乐的标准的。违反礼仪、僭礼的行为，是特别为儒家所不齿的。所以孔子说"'不学礼，无以立'（《论语·季氏篇第十六》），这是影响言语传播效果的"[3]。孔子对成人的标准有一条便是"文采"，而"文采"需要依托"礼乐"来实现，文学的"质"已不是言语实质性的内涵内容，还延伸到这种实质性的内涵内容所反映出的个人品德上；同时，言辞本身也要做到清晰明了，避免歧义。儒家学说在强调辞能达意、言近旨远、辞论一意

1　罗军.中国古代礼法对当代社会的影响 [J].理论与当代，2017(12): 22-23.

2　魏春艳."礼法文化"的形成与制度化 [J].绵阳师范学院学报，2016, 35(1): 132-138.

3　程静，张晓杰.从"文""辞"视角审视先秦儒家文化传播思想特征 [J].佳木斯大学社会科学学报，2021, 39(5): 22-24.

的同时，都很排斥巧言、奇辞。[1]《论语·学而篇》《论语·卫灵公篇》都指出巧言令色者缺少仁德，更不要说言辞粗鄙，或者今天的网络语言了。言论著述也要呵护和彰显儒家礼仪，"凡知说，有益于理者为之，无益于理者舍之，夫是之谓中说"（《荀子·儒效篇》），强调言辞有理但又不只有理，还要合乎尊礼。所以"礼乐"贯穿在中国的儒家学说中，也从先秦开始就被认为符合社会现实需要，不仅人们的行为要用礼来规范，外交辞令、言论著述也要遵从礼和彰显礼，只有这样，文辞才能得到有效传播。[2]

从文化传播的角度来看，孔子非常重视传播技巧与传播效果的关联，传播内容要真实可信，更重要的是传播主体要有个人修养。从先秦儒家开始，修身就被认为是一种美德，修身、齐家、治国、平天下是一个人从私域走向社会公共生活的轨迹，是社会化的道路，也是一个人安身立命的发展道路。所以儒家更强调修养成仁德的人，要有自控力，非礼勿言则是必要条件。在《论语·颜渊篇》中，子张谈论人的道德修养的时候，指出品德的修炼要以忠信为主、仁义为辅；在《论语·子路篇》中，孔子也提到恭敬、博学、忠厚是为仁。事实上，儒家的这套文化传播学说，注重博学慎思与道德修养在交流与传播中的重要作用，构成了中国人交流中的默认前提，以及期待的潜在话语框架。

二、语言不顺从的当代意义

以儒家文化为代表的中国文化讲求的是礼法的秩序，讲求言辞有理，修身养性。这一观点进而发展为按照身份和社会角色行事，"什么人说什么话"，一举一动都要合乎身份，不然就会被看成僭越和不懂礼数。而言谈举止更被看成一个价值观传递的过程，社会的阶层和身份是交流的门槛，不具备某个身份，便无法获得交谈场合的入场券，是无权发表见解的，纵然挑战者说的道理再正确，或是发

---

1 程静，张晓杰.从"文""辞"视角审视先秦儒家文化传播思想特征[J].佳木斯大学社会科学学报，2021，39(5): 22-24.
2 程静，张晓杰.从"文""辞"视角审视先秦儒家文化传播思想特征[J].佳木斯大学社会科学学报，2021，39(5): 22-24.

言者的内容中有多少漏洞，质疑内容被偷摸改写成为挑战权威和发言资格。在汉语文化中，"听话"被解释为"顺从"，"顶嘴"与"反驳"则表示了高度的叛逆。话语的权力深深嵌在人际交往的权力关系中，在权力博弈中，居于优势地位的人可以选择无视，但处于弱势地位的人的无视或沉默却是屈从、无力的象征。

　　启蒙与西学东渐冲击了中国文化，边缘的声音逐渐进入公众讨论的范畴，个人权利也逐渐成为解读人性的基本权利。加拿大学者查尔斯·泰勒的《现代社会想象》和齐格蒙特·鲍曼的《流动的现代性》都在传统社会向近代社会的历史转型中，发掘个人行动和生活的意义，人从集群社会、从古代自由、从传统的社会框架中挣脱出来，追求独立自主性，摆脱家庭、亲属组织和社区非正式权力的控制[1]，年轻人的反权威倾向和个人权利意识异军突起。不论是线上还是线下，这种门槛的降低让原子化的个体获得了一次精神的放飞，传统的礼教社会被瓦解。对"理"也有了多元的解读，人们发现不必要共享传统的习俗也可以自在生存，尺度由于多元化可以随时用来为自己辩解。但对群体认同的渴望却让人有参与公共生活的欲望，用话语观点上的对抗，展现对自由的满足、跃跃欲试的好胜心和挑战博弈的快感，逻辑不重要，话题不重要，在嘴仗中不落败是最重要的。"碾压"的快感更像是对自己身份地位和权威认同的兴奋剂，个个都"自认动机纯洁而把自己的意见当作天理，弄得天下皆是自负的圣贤"[2]。恰如王学泰在《发现另一个中国》中认为，长期生活在稳定不变的宗法社会中的中国人，只要控制他也保护他的共同体对他不起作用了，他就会为了生存而流动起来，就必然产生一系列特殊的思想意识，其中包括缺乏儒家社会意识、反权威、主动进击精神和攻击性，当与人出现分歧时倾向于采用激烈手段。[3]即便面对种种不利证据，他仍会倔强到底，而且其争论方式多是"攻其一点，不及其余"，以偏激的态度看待问题："既然你这么说，那我偏要那么说。"

1　阎云翔.中国社会的个体化[M].上海：上海译文出版社，2012.
2　王汎森.权力的毛细管作用[M].北京：北京大学出版社，2015.
3　维舟.众声喧哗：中国社会为何多杠精[EB/OL].(2018-5-9)[2022-5-8]. https://www.douban.com/note/668882494/.

与其说是现代社会多杠精，不如说是有的人本能地把传统社会和现代社会的不同社会秩序和运作方式的冲突当成一种博弈和权力对抗，将另一方视为搏斗的敌人，欲胜之而后快。社会发展迅速，突然从宗法社会中跳脱出来，面对一浪又一浪的思潮与社会变迁，缺乏公共讨论与对公共空间的洗涤。人们对现代社会的交往规范一知半解，人际摩擦自然大量产生，最明显的就是语言上的不和与冲突。

第三节　舆论场域与社会结构的巨变

一、有效沟通的理想性

西方马克思主义第二代理论名家尤尔根·哈贝马斯强调系统通过构建"理想沟通情境"来形成共识，实现对社会的合理整合。

1. 一种话语的所有潜在参与者均有同等参与话语论证的权利。任何人都可以随时发表任何意见或对任何意见表示反对，可以提出质疑或者反驳质疑。

2. 所有话语参与者都有同等权利做出解释、主张、建议和论证，对话语的有效性规范提出质疑或者表示反对，并提出理由，任何方式的论证或者批评都不应遭受压制。

3. 话语行动的参与者必须有同等的权利实施表达话语的行为，即表达他们的好恶、情感和愿望，袒露自己的内心。

4. 每一个话语参与者作为行为人都必须有同等的权利实施条件性话语行为。[1]

同时，沟通者需要履行满足有效性要求的义务，这些要求包括："言说者对事实的陈述必须是真实的；言说者对沟通的意向必须是真诚的；言说者所表述的话语从行为规范角度看必须是正确的。"[2] 而且三个条件必须同时满足。

1　谢立中.哈贝马斯的"沟通有效性理论"：前提或限制[J].北京大学学报（哲学社会科学版），2014, 51(5): 142-148.
2　谢立中.哈贝马斯的"沟通有效性理论"：前提或限制[J].北京大学学报（哲学社会科学版），2014, 51(5): 142-148.

米歇尔·福柯等人开始就对这一理论提出了批评，认为这种理想沟通情境实际上是不可能存在的，是一种乌托邦的想象："我相信，没有权利关系，任何一个社会都不可能存在，只要人们把这种关系理解为个人用以控制和决定他人行为的手段。"[1]

虽然福柯对权力的批判较为绝对，但我们亦同样认为哈贝马斯的"理想沟通情境"很难实现。

1. 无法轻易判断参与沟通的行动主体对事实的陈述是真实的——当对话者所使用的术语属于两个完全不同的话语体系，对他们各自所属的话语体系来说，他们各自所做的那一套陈述都可能是真实的；[2]

2. 无法判断参与沟通的行动主体所持有的沟通意向是真诚的——使用不同话语模式来说话的人之间很容易因为相互不了解对方用来组织话语的模式而使谈话陷入困境，即双方无法就真诚沟通意向达成一致；

3. 无法轻易判断参与沟通的行动主体所遵循的行为规范是否正确——何谓正确的行为规范一问本身就存在分歧，参与者很可能处于不同的话语体系下，如中国传统礼仪话语体系和自由主义话语体系，即只有在同一个话语体系中，才能来判断"行动规范"。

哈贝马斯《交往行为理论》中说到的"平等地沟通协商以达成共识的前提"就在于"生活在同一世界之中"，共同分享生活世界，共同分享背景知识。如果做不到这一点，想要达成共识就是困难的，试图通过共识的达成来解决纠纷、整合社会更是一种空想。因为真实性、意向真诚性、规范的正确性，都不具备一个恒定的判断标准，所以在沟通是否符合"理想沟通情境"这一点上，人们很难达成共识。

1　章国锋. 关于一个公正世界的"乌托邦"构想：解读哈贝马斯《交往行为理论》[M]. 济南：山东人民出版社，2001.

2　谢立中. 走向多元化与分析：后现代思潮的社会学意涵[M]. 北京：中国人民大学出版社，2009.

二、折射阶层社会结构改变

（一）社会阶层分化与结构转型

阶层分析不仅是一个政治学的命题，更是社会研究中的一个核心问题。随着中国改革开放与社会转型的逐渐深入，中国的社会结构、阶层结构也在变化。尽管大家对社会结构、阶层结构的区分在技术上有较多不同[1]，但总体来说，中国社会阶层分化、居民收入差距较大是一个较为客观的现实。

从理论角度上来说，产生了一个与体制内的中产阶层形成对应关系的体制外的中产阶层或中间阶层。"新社会阶层最大的特征是缺乏体制保护，也不存在体制结构制约。实证研究发现'体制内'中间阶层的政府信任显著高于新社会阶层群体；相比社会中下层，新社会阶层群体的政治态度不具有明显的自由主义或保守主义倾向；而在新社会阶层群体内部，与非公有制经济人士相比较，自由择业知识分子往往具有更加偏自由主义倾向的政治态度。"[2]

从数据层面看，表 3.2 展现了 2010 年第六次全国人口普查各职业人口占比的数据。

1　阎志民. 中国现阶段阶级阶层研究 [M]. 北京：中共中央党校出版社，2002.
　　吴波. 现阶段中国社会阶级阶层分析 [M]. 北京：清华大学出版社，2004.
　　陆学艺. 当代中国社会阶层研究报告 [M]. 北京：社会科学文献出版社，2002.
　　李春玲. 断裂与碎片：当代中国社会阶层分化实证分析 [M]. 北京：社会科学文献出版社，2005.
　　杨继绳. 中国当代社会各阶层分析 [M]. 兰州：甘肃人民出版社，2006.
　　李强. 社会分层与贫富差别 [M]. 厦门：鹭江出版社，2000.
2　人民论坛网. 70 年来，中国社会阶层发生了怎样的变化？ [EB/OL]. (2019-11-1)[2022-5-8]. https://baijiahao.baidu.com/s?id=1648989013291503714&wfr=spider&for=pc.

表 3.2　第六次全国人口普查各职业占比

职业	占比
国家机关、党群组织、企业、事业单位的负责人	1.77%
专业技术人员	6.84%
办事人员和有关人员	4.32%
商业、服务业人员	16.17%
农、林、牧、渔、水利业生产人员	48.31%
生产、设备操作人员及有关人员	22.49%
不便分类的其他劳动者	0.10%

当代中国工人阶级出现了一些发展变化：当代中国出现了阶层分化和贫富差距；普通工人阶级的合法权益受到不同程度的侵害；当代工人阶级参与了利润分享，工人阶级的个体既可以是企业的劳动者，又可以是企业的产权所有者，在这一点上，中国跟世界上其他的社会主义国家极其不同，中国的工人阶级也与百年前马克思主义理论中的工人阶级极其不同。

根据 2020 年第七次全国人口普查，居住在城镇的人口约 9 亿，居住在农村的人口约 5 亿，城镇人口比重逐年上升，2011 年中国的城镇人口开始超过农村人口（见图 3.1）。农民依然是中国社会的构成主体，温饱问题已基本得到解决，但仍面临着发展不均衡的困境，每年已有 2 亿多名农民工在流动，大量流动的农民工仍处在城乡双元的困境中。据国家统计局《2020 年农民工监测调查报告》：2020 年全国农民工总量 28560 万人，比上年减少 517 万人，下降 1.8%。其中，外出农民工 16959 万人，比上年减少 466 万人（见图 3.2，表 3.3）。当然，也不排除因为受到新冠疫情的影响，无法外出务工的情况。

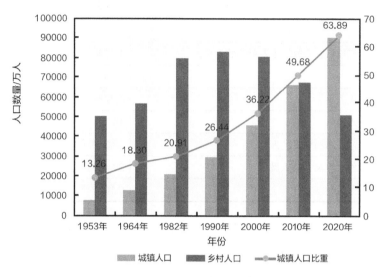

图 3.1　历次人口普查城乡人口情况

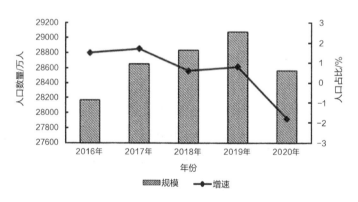

图 3.2　农民工规模及增速

表 3.3　农民工规模及增速

年份	2016	2017	2018	2019	2020
规模/万人	28171	28652	28836	29077	28560
增速/%	1.5	1.7	0.6	0.8	−1.8

根据 2020 年第七次人口普查数据,全国人口中,拥有大学(指大专及以上)文化程度的人口约有 2.2 亿,拥有高中(含中专)文化程度的人口约有 2 亿,拥有初中文化程度的人口约有 4.9 亿,拥有小学文化程度的人口约有 3.5 亿,文盲人口(15 岁及以上不识字的人)约有 3800 万。中低等文化程度的人口仍然占有较大比重。具体见图 3.3。

根据瑞信研究院《2021 全球财富报告》,中国最富裕的前 1% 人口所占全国财富份额,从 2000 年的 20.9% 增加到 2020 年的 30.6%。此外,2020 年中国财富中位值为每位成人 24067 美元(约 15 万元,注意财富≠收入),这意味着中国有一半的成年人个人财富在 15 万元以上,另一半在 15 万元以下。可以说,收入差距仍相当明显。

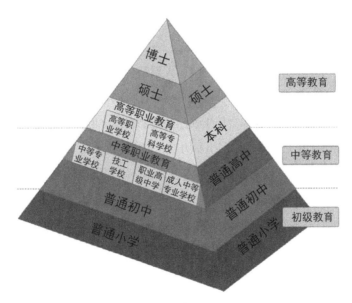

图 3.3 中国教育体系结构图

进入新世纪以来,关于阶层是否趋于固化成为学术研究与社会舆论关注的热点内容。一些学者认为:随着社会利益加速分化,市场排斥程度增加,社会相对流动率逐渐下降,阶层固化程度有所上升;且随着互联网经济的日益繁荣,零工经济成为我国社会中下层主要的非正规的就业方式。在相当长的一段时期内，这类劳动者将是我国劳动力市场上的大多数，让他们更多分享改革红利，提升其获得感与幸福感，对维护社会长期稳定具有重要的现实意义，是党和政府在新时期所面临的重要问题。

（二）社会冲突感与实际输出

收入差距究竟严重与否，很大程度上取决于公众的价值判断。文化和制度，以及个体感受发挥着重要作用。到了社会内部的不同群体上，弱势群体更容易对当下的社会不平等产生怨恨和不满，而具有较高社会地位的人更容易接受甚至赞成当前的不平等。本质在于，前者是利益受损方，经济状况和发展机会受到剥夺；而后者正好相反。但从现实层面而言，这种状况也不尽然能解答杠精的出现与网络生态的变迁，对当前不平等最为不满的并不是最弱势的群体，反而是在城市中的居民，个体经历和见证让他们对不平等有更多不满。[1] 可以说，主观因素及其维度起到了重要作用，是很重要的中介变量和中间环节，人们的行为实践在很大程度上受到主观意识、观念和认知的影响。民众在分配公平感、社会冲突感、主观阶层地位认同方面产生较多不一致的现象，也都会催生强烈的情绪爆发。例如，前文中提到上海新冠疫情时对打赏外卖小哥者进行的网络暴力就是假借分配不公实现了情绪宣泄。

社会冲突感作为一种社会情绪和心态，在一定程度上反映了社会现实中群体间对立、摩擦与矛盾的状态，是一个潜在的社会不安定因素。民众的冲突感可以催生不同程度的制度与非制度化的利益表达行动，有比较温和的网络表达，也有比较激烈的集体上访、抗议、请愿等制度外行动。冲突感作为一种社会情绪和心态，会影响社会成员的行为选择与实践。当成员感受到某种程度上的不公正、不合理时，会催生一个充满火药味的现实沟通环境与社会。

1　怀默霆.中国民众如何看待当前的社会不平等 [J].社会学研究，2009, 24(1): 96−120,244.

三、交流的无奈

从 20 世纪 80 年代以后，中国就已经进入了对现代性的激进追求中，各种西方的思潮理论在中国轮番走红，而且以最新潮和先锋的面孔出现。[1] 这些西方的思潮理论让我们见识了中西方意识形态冲突后的精神裂变与众"神"狂欢——主流意识形态、市场文化、精英意识和大众意识在今天的中国舆论场上交错交融。正如萨缪尔·亨廷顿所言："现代性可能是具有整体性的，但不一定是很好的整体性，它必然包含着紧张、压力、混乱和骚动。"

出于特殊的历史原因，中国作为一个后发现代化国家，其不同地区经济文化发展不平衡，经济和文化之间存在巨大落差。如果在现实中无法实现身份满足，那么网络的开放性、自由性与平等性神话似乎在向每个人"洞开"一扇大门，让人们有了更多幻觉，以为可以自由驰骋在这种高原上。阿尔文·托勒夫的"新游牧族"便是指，初入网络的人急于挣脱社会身份的束缚，以满足个人的自由作为最大的目的。

（一）误构的合法化

从媒介技术发展历史的角度看，从 2013 年开始，中国媒体进入发展、成长的分水岭，不仅要面对媒介变革，更要面对传受关系的变革、话语生产机制的变革。[2] 自媒体通过对媒介工具的娴熟有效的利用，使误构实现了合法化。[3]

勒庞的《乌合之众：大众心理研究》一书，堪称批判集体心理的经典之作："在集体心理中，个人的才智被削弱了，从而他们的个人也被削弱了。异质性被同质性所吞没，无意识的品质占了上风。"[4] 群体聚集后产生的力量是纯粹的破坏性力量，失去了理性的激情，失去了一切批判能力，除了极端轻信以外就没有什么了。"它们的作用就像是加速垂危者死亡或死尸解体的细菌。"[5] 尽管有学者认为，今天的中国传媒生

1　孟繁华.众神狂欢：世纪之交的中国文化现象 [M].北京：中国人民大学出版社，2012.
2　师曾志，胡泳，等.新媒介赋权及意义互联网的兴起 [M].北京：社会科学文献出版社，2014.
3　师曾志，胡泳，等.新媒介赋权及意义互联网的兴起 [M].北京：社会科学文献出版社，2014：79.
4　勒庞.乌合之众：大众心理研究 [M].冯克利，译.北京：中央编译出版社，2004：16.
5　勒庞.乌合之众：大众心理研究 [M].冯克利，译.北京：中央编译出版社，2004：5.

态同法国当年的"群体时代"的传媒生态有很大差异，表现出后现代知识的特性，但新媒体所诱发的主体的能动性使得语言游戏的招数得到了更大程度的发挥，这点毋庸置疑[1]——每个对手在受到"打击"时，都会产生一种"移位"，一种变动，不论其性质如何，也不论他是受话者还是发话者。这些"打击"必然带来"反击"……重要的是必须加剧移位，甚至应该让对手迷失方向，以便给予一次出人意料的打击（一个新的陈述）。[2]

（二）交流的无奈

在上一章中我们提到，在网络传播中，人际传播的社会功能缺失了，人的弱点被进一步强化，我们越来越习惯于将一切问题归结于技术的促逼[3]，中国互联网的高速发展更是让人在处理人与人、技术和社会之间的关系时产生了局促感。但将传播问题紧急归结于技术黑洞并不合乎客观性。

早在柏拉图时代，我们就讨论过拯救人类交流之道，约翰·彼得斯在先贤的肩膀上提出的"对空言说"已经包含了成功与失败、悲观与乐观。[4]尽管我们尚未找到最终答案，但应该看到，交流的困境是一个普适性的问题，是历史的一个维度。

技术理性的安慰：用技术解决技术的问题，并没有让交流沟通问题得到解决，更没有解放人的交流思想。[5]于是，我们在分析媒介全球化而使全球化成为一种观念意识形态甚至一种方法论的时候，落脚点之一就是试图寻找现代与传统的冲突，东西差异在媒介市场上的差异，而我们发现，最终的问题出在人本身。"许多焦虑确有道理，人们担心的是说不清道不明的力量或文化的降格。指责媒介固化结构的不公平和精神的花架子，这种批评完全公正也是非常需要的。不过，这样的批评不能

1　师曾志,胡泳,等.新媒介赋权及意义互联网的兴起[M].北京:社会科学文献出版社,2014:82.
2　利奥塔.后现代的状况:关于知识的报告[M].车槿山,译.南京:南京大学出版社,2011:64.
3　谢清果,张丹.人类交流的无奈与超越:对"道可道,非常道"的再思考[J].名作欣赏,2017(16):93-95.
4　殷晓蓉."交流"语境下的传播思想史:解读彼得斯的《交流的无奈》[J].复旦学报(社会科学版),2008(3):115-123.
5　单波.面向交流的无奈:传播学自我救赎的路径[J].新闻大学,2012(2):18-21.

忽视,媒介之外有不公,我们内心深处也塞满了不速之客。"[1]人的心灵交流存在鸿沟——不知道如何利用智慧,不知道如何说服自己。有些东西无法通过媒介技术传达,大众传媒对"在场感"的遮蔽,只是进一步加大了其间的疏离和距离。[2]

(三)公共空间中的对话与沟通

李普曼在 20 世纪初写就的著作《舆论》中就提到,是我们对媒介赋予的期待太高,媒介不可能也没法承担如此重大的任务——实现平等沟通交流。今天市场化的媒介更是如此,媒介最终追逐的还是市场利益最大化,以利润为导向。这就自然可以理解背后机制,以及网络公共话语中存在的非理性,社会公共空间让利益追逐和当代人的焦虑及不安有了释放的渠道,人们都希望得到现成的答案,由别人告诉自己应该怎么生活。[3]

从 BBS 到博客再到今天的自媒体,社交媒体时代,权威的形象被颠覆,主流价值道德文化意识被颠覆,公共话语标准改变,甚至成为一种霸权。网络甚至对一些闹剧进行了实际意义上的合理化,群体无意识代替了个人的有意识的行动。[4]人们不再追求事物的本质和价值,不再追求一种建立的和积极的效果,他们追求的是根除、消除和颠覆的虚无主义的快感,以及"因为善所以憎恶善"的堕落动机。[5]人的精神世界开始解构,猎奇、窥私和个人宣泄得到了加剧。

弗里德里希·哈耶克在《通往奴役之路》中提到,经济控制完成"对财富生产的控制,就是对人类生活本身的控制"[6]。网络公共空间也是如此,受制于市场的裁决,经受市场的考验[7],从消费文化、商品崇拜到偶像产业,消费和享乐已经成为当下社会发展的动力,"似乎所有的恶、所有的善,只要能被消费,就能成为商

1　彼得斯.交流的无奈:传播思想史[M].何道宽,译.北京:华夏出版社,2004:30-32.
2　殷晓蓉."交流"语境下的传播思想史:解读彼得斯的《交流的无奈》[J].复旦学报(社会科学版),2008(3):115-123.
3　甘阳.自由的敌人:真善美统一说[J].读书,1989(6):121-128.
4　勒庞.乌合之众:大众心理研究[M].冯克利,译.北京:中央编译出版社,2004:1.
5　兰德.理性的声音:客观主义思想文集[M].万里新,译.北京:新星出版社,2005:415.
6　哈耶克.通往奴役之路[M].王明毅,等,译.北京:中国社会科学出版社,1997:90.
7　布尔迪厄.关于电视[M].许钧,译.沈阳:辽宁教育出版社,2000:44.

品……物欲的风光无限，消费的和被消费的似乎都在舒舒服服地堕落"[1]。同时，中国互联网经济的崛起自然吸引了众多成分复杂的资本进入公共领域，用自媒体、营销号等形式改造中国舆论场。

第四节　为什么营销号的舆论影响力能左右人？

一、成为知识框架与理据基础的营销号

随着自媒体热潮席卷全网，一些以流量或者营利为目的，开展稿件创作与发布的自媒体账号走入公众视野，网友自发界定其为"营销号"。这些账号通常以在他人之物上，附加自己有"价值"的劳动，比如采用捏造、洗稿、转载、拼接、二次创作等方式，迅速获得高点击量和强影响力，从而引导舆论走向，如通过有意识地召集网络水军，通过金钱交易，制造信息，操控舆论。2020年4月，中共中央网络安全和信息化委员会办公室（以下简称网信办）开展了专项整治活动，严厉打击网络恶意营销账号："互联网用户账号运营乱象专项整治行动，将运用行政、经济、法律、技术等手段综合施策，多管齐下，集中力量整治五大乱象：一是违法违规账号被处置封禁后'转世''穿马甲'捞钱问题；二是用户账号名称信息违法违规问题；三是网络大V账号粉丝数量注水造假问题；四是用户账号恶意营销问题；五是对未成年人违法售卖网络游戏账号问题。"[2]而在中国，这类营销号不仅拥着数量巨大的受众群体，其发布的内容也往往被奉为圭臬，有时竟成了用以否认与质疑他人的有力工具。

不得不承认，任何知识框架都存在门槛，专业知识的积累需要长期培养认知习惯，大多数人没有这个环境和时间接受系统的培养，很难了解到真正的知识。例如，目前，国内外权威性期刊还没有关于冬虫夏草有抗癌功效的定论。虽然冬虫夏草作为一种中草药，其成分太复杂，抗癌一说也没有完全被否定，也许存在其他未知的

1　师曾志，胡泳，等. 新媒介赋权及意义互联网的兴起[M]. 北京：社会科学文献出版社，2014: 112.

2　新京报.国家网信办：集中力量整治违法违规账号"转世"等五大乱象[EB/OL]. (2011-11-16)[2023-3-17]. http://baijiahao.baidu.com/s?id=1716572850995338256&wfr=spider&for=pc.

功效元素，但冬虫夏草也并没有传说中那么神奇，甚至在中医看来，冬虫夏草并不是包治百病的灵丹妙药，只适用于肺虚、肾虚或由肺肾两虚引起的各种病症。治疗感冒引起的咳嗽或其他急性咳嗽，就不适合用冬虫夏草。而科学杂志《细胞》子刊《化学生物学》的一篇论文，也指出根据基因及产生模式，冬虫夏草不可能含抗癌成分虫草素和喷司他丁。但当中医和西医的拥趸站在一起，难免会就这一问题论个高下，相互无法说服，互斥杠精。大量充斥在互联网的营销号及其发布的养生内容，互证形成舆论虫洞，让圈外人很难了解到真正的知识，中医知识自身的复杂性也将其自身的了解门槛提高了。

生活在加速社会中的我们，既缺乏时间，又缺乏充沛的注意力，在倦怠中前行。人们用于关注公共事务相关内容的时间和精力变少了，而本身这些内容在总体内容中所占的比例也变得更加小了——需要被监管的公共事务的实际数量，一如这个信息化社会增加的数据一样，在不断增加。用李普曼的话来说："即便对这些（信息流通）渠道的功效做最乐观的估计，当我们每日直面与那个我们无法看清的外在世界相关的海量信息时，时间总是不够用的。"[1] 面对海量的信息和不断制造的媒介事件，我们每每觉得疲劳。韩炳哲的《倦怠社会》提出了一种解释，在以追求绩效为先的社会里，我们不断用身边人和社会的各种参照系要求自己。而早先马克思在他的《资本论》中提出另一种解释：异化理论。马克思说："劳动的异己性完全表现在：只要肉体的强制或其他强制一停止，人们就会像逃避瘟疫那样逃避劳动。"在这种劳动中，人是异己的，也就是没有自我的，对于当下的我们来说，关注工具有效性，关注自身，才能在社会中更好地生存下来。营销号为我们提供的简化观念信息体系，最为有效地支撑了我们适应社会所需要的所有信息，但碎片信息瓦解了培养认知习惯的动机。

反思在人类知识体系建构上的作用不容小觑，人们需要不断理解打破刻板印象体系的内容，质疑辩论。反思的过程是一种思维的内省，源于思想上的隔绝。但众声喧哗，网络世界没有给予我们足够的反思空间。

1 李普曼.舆论[M].北京:北京大学出版社,2018.

浅薄的知识、耸人听闻的消息、博人眼球的视觉呈现，天然具有社交属性，是不折不扣的流量货币。真正的知识很难出现在人们的视野中；即使真的出现，它们也很难被察觉到；即使被察觉到，也很难得到真正的理解。最后，人们难免沦为营销号的拥趸。更何况，社会经济环境的差异决定了人群间无法享有平等的教育信息资源，也的确存在一部分人只能通过营销号获得精神交往资料的情况。

二、致命KPI与流量法宝

中国的互联网经济发展成果举世瞩目，互联网不仅成了人们获取信息的平台，而且广泛渗透社会生活的各个方面，从购物到旅游，从教育到职业，人们生老病死都通过网络渠道获取信息，互联网潜移默化间对人生的大小事都产生了深刻的影响。在新冠疫情封锁期间，我们更是看到，离开互联网，边缘弱势群体的困境与受到的次生伤害。

从2013年开始，数字革命在中国风起云涌，智能设备数量激增，网络搜索量每天高达几十亿次，网民规模跨过10亿大关。2017年，全球最大的市场研究公司之一益普索（Ipsos）公司对23个国家的18180人进行了调查，结果有超过2/3的调查对象表示根本无法想象离开网络的生活。按照国别来分的话：有82%的印度人最无法容忍没有网络的生活；而表示离不开网络的中国网民比例为77%，次于英国的78%；意大利和日本的这个比例最低，仅为62%。[1]

中国的互联网经济高速发展，从2013年到2015年，互联网对中国GDP增长率的贡献达0.3～1.0个百分点，相当于每年4万亿元到14万亿元的GDP总量。互联网更改变了中国的经济模式，成了经济发展的新引擎之一。互联网及其构筑的中国人的网上生活，打开了现代年轻人的就业新空间。2021年12月，国务院发布的《"十四五"数字经济发展规划》明确提出，鼓励个人利用社交软件、知识分享、音视频网站等新型平台就业创业，促进灵活就业、副业创新。"网约配送员、

---

1 IT之家.互联网依赖度调查显示印度第一，中国第三[EB/OL]. (2017-8-30)[2022-5-8]. https://www.sohu.com/a/168330688_114760.

互联网营销师、人工智能训练师、全媒体运营师、供应链管理师、虚拟现实工程技术人员……近年来，互联网领域一个个分工精细的新职业，如雨后春笋般涌现。"[1] 求职者的选择更加丰富，短视频和直播平台因为工作时间、地点和方式的灵活性，成为年轻人获得收入、实现个人价值的好去处。中国人民大学劳动人事学院课题组 2022 年 2 月发布的《短视频平台促进就业与创造社会价值研究报告》显示，某短视频平台共带动就业机会总量为 3463 万个，其中直接带动的就业机会共 2000 万个，其中主要是内容创作者的就业机会。智联招聘发布的《2022 年一季度高校毕业生就业市场景气报告》显示，招聘需求较多的行业为互联网、电子商务、计算机软件、现代服务、智能制造等。

自媒体博主和营销号作为其中一种信息就业方式、产业形态，不仅在网络经济增长中发挥着重要的作用，更成为网络信息的制造和散布者，是网络舆论中的一股重要力量。"有的故意把自己打扮成机构媒体，却没有新闻媒体应有的资质与担当，而是以营利作为主要目的，以流量分成为主要手段，成为网络诽谤、谣言等的策源地或推手，损害了健康的网络舆论生态。"[2]

许多营销号将"流量"作为底层逻辑、生命所在，置法律法规、公序良俗于不顾，洗稿剽窃、歪曲事实、造谣生事、煽风点火，当网络世界"泥石流"，为的就是吸引眼球、博取流量。

从 2021 年开始，网信系统开展了一系列"清朗"专项整治，为的就是解决影响网络空间清朗的顽症痼疾。账号运营乱象专项整治行动是整个项目的重要内容，治理的重点主要是五类账号运营乱象，包括违法违规账号"转世"、互联网用户账号名称信息违法违规、网络名人账号虚假粉丝、用户账户恶意营销、向未成年人

1　人民网."互联网＋"打开就业新空间（网上中国)[EB/OL]. (2022-5-4)[2022-5-8]. https://baijiahao. baidu.com/s?id=1731854904121085097&wfr=spider&for=pc.

2　央广网.治理网络营销号必须打破流量崇拜[EB/OL]. (2021-3-8)[2022-5-8]. https://baijiahao.baidu. com/s?id=1693631112431046369&wfr=spider&for=pc.

租售网络游戏账号。[1]2021年5月8日，国务院新闻办就2021年"清朗"系列专项行动举行新闻发布会，国家互联网信息办公室网络综合治理局局长张拥军在聚焦"饭圈"乱象治理时谈道："第一是清理有害信息；第二是坚决处置职业黑粉、恶意营销的群组账号，这些群组账号建立的目的就是操纵这些事情；第三是坚决处置纵容乱象的网站平台。"[2]

蹭热点、炒作黄色新闻、引发网民之间的相互攻击，或者以知识传播的名义歪曲解读国家政策，干扰公众认知、"带节奏"操控评论、干扰真实舆论呈现，是网络营销账号进行商业营销的惯常手段。为了流量硬杠、无中生有地杠的杠精有时候恰恰代表了一部分网络水军，"杠"并非网友的真实意志、观点交锋，而是一盘生意经。

从最低的花钱"买粉"到微博大V充当"水军"，从微博到直播和短视频等多个平台，营销号充斥网络，一时间不知道与营销号的论战是个体间的争论，还是蚍蜉撼树——很多账号甚至不是由个人运营，而是由相关团队负责，甚至被打包卖给营销公司。这些公司专业从事网络营销，为了引起骂战，甚至不惜明码标价操纵流量。这一现象在饭圈等亚文化群体中尤为明显，在谩骂互撕的饭圈事件中，虽然冲锋在前的是粉丝，但真正引爆事件的却是无良营销号和披上马甲的"职业黑粉"[3]。

通过设置和参与具有争议性的讨论话题，营销号屡屡抛出一些故意挑动人神经的言论，故意通过发布整齐划一且带有观点和舆论偏向的文字，挑起群体间的情绪斗争，而且网络舆论反馈越激烈，如粉丝间骂战越激烈，营销号的阅读量就越多，经济收益就越大。营销号一手造就了乌烟瘴气的舆论氛围，但却能借助马甲账号和各种手段遁走，当然这里也有平台纵容与合谋的原因，平台需要由流量

---

1 南方都市报.互联网用户账号恶意营销乱象将被整治！营销号曾被曝操纵流量[EB/OL]. (2021-10-19) [2022-5-8]. https://www.163.com/dy/article/GMN3GE3705129QAF.html.

2 法治周末报.揭秘营销号之乱[EB/OL]. (2021-8-22)[2022-5-8]. https://mp.weixin.qq.com/s/5JUl3NzwXag- -Z7rWLGJlg.

3 半月谈.治理饭圈应严打无良营销号[EB/OL]. (2021-8-28)[2022-5-8] https://www.sohu.com/a/486337648_612784.

供养，两者合力造势屡见不鲜。

这些营销号通常采取以下两种话术。[1]

1.态度非常激进的短评，如"不小心……领了……"之类的二级评论。

2.具有一定长度、迎合恶趣味、带节奏引战的评论，起到故意激起对方愤怒等情绪的作用。

通常采用以下传播策略。

1.抄袭引流，直接搬运：照搬多个平台的文字，无视著作权要求。

2.引战互撕：通过把控信息传播话语，引发网友拉踩、煽动互撕。

3.造谣：通过"揭秘""爆料""吃瓜"等捕风捉影的文字来获取流量。

例如，2021年，参加综艺节目的某国内女星在微博怒怼营销号，称在营销号的各种揣测下，从参加节目就被各种指责："我们一天录24小时，你就从你看到的十几分钟里给别人扣上孝顺不孝顺的标签？这么无知，还这么自信？"

其实2018年年初，营销号的恶意评论营销已悄然进入社交媒体。一个名为"迷路的木子洋洋"账号自称拥有88重不同的人格，在热评区扮演不同的人格，其经典的句式为："难道只有我一个人×××吗？"这个×××中的内容大多数脱离了正常讨论的范畴，上升到人身攻击或者刻意挑衅层面。[2]正因为采用这种刻意引战的钓鱼术，该账号的评论往往能引发大量网民的反驳或者对骂，被大量回复，于是被顶上热评，最终实现了自身粉丝数量数十万级的转化。尽管账号几次被封禁，依然化身无数小号：@木子洋洋迷路了、@迷路的木子洋洋的妹妹、@迷路的木子洋洋啊、@迷路的木子洋洋在哪。

这类营销号思路非常清晰，目标也很明确，其内容往往因为触动人的情绪而很容易上升为热评，所谓的"广大网友的声音"其实都是在利益驱使下的营销号的声音。当发布这些特定的句式时，公众往往被营销号本身或者句式所吸引，转移

1 光明日报.带节奏引战的营销号该消停了[EB/OL]. (2021-9-1) [2022-5-9]. https://www.eduse.cn/index.php/2021/09/01/t01-595919.

2 界面新闻.引战、裂变、灰色地带？微博营销号的前世今生[EB/OL]. (2020-7-31)[2022-5-9]. https://baijiahao.baidu.com/s?id=1673698758929916334&wfr=spider&for=pc.

了评论焦点，讨论的氛围被蚕食。

　　眼下，在社交平台上，许多up主、大V的账号基本都把控在MCN机构手中。"鼓山文化、蜂群文化、飞博共创、不空文化等MCN都孵化了大量头部社交账号。例如，不空文化旗下子公司不空娱乐就立足于娱乐资源，旗下签约有160余个行业著名头部账号。"[1] "养号"的目的就在于制造流量，做数据，在各类账号下控制评论。即便识破是营销号故意为之，但面对公司团队力量，博弈也异常困难。

　　2021年8月14日，微博管理员发布公告称，接到网友举报，部分营销号恶意曲解、拼凑相关截图，强行关联近日热门社会议题，对个人进行诋毁攻击，试图带节奏以赚取流量。站方对8个最先发布相关不实内容的营销号予以禁言90天的处罚，同时予以搜索、热门不收录，暂停广告共享计划等处罚。

　　除了引战引流外，这些以"杠"为名的营销号，还会通过广告引流分成、有偿评论及卖号等方式对粉丝进行变现。例如："只需填写手机号就可以成为引流的代理商，收益则分为'直接推广收益'和'无限裂变收益'。这个所谓的'裂变收益'，指的就是代理团队可以永久享受下级代理10%佣金，那么发展的下线越多，给上级的返现也就越多。"[2] 引流所用的二维码或者访问链接所发布的内容可以规避被删除的风险，形成监管灰色地带，为涉黄、涉赌的内容提供了天然的温床。

　　尽管在《网络短视频平台管理规范》《网络短视频内容审核标准细则》《网络直播和短视频营销平台自律公约》等文件的指导和约束下，各类平台都有一些对应举措，但是出于商业利益的考虑，对营销号的把关仍比较宽松。各平台的视而不见与网友的忍无可忍显然并不对称。

1　法治周末报.揭秘营销号之乱[EB/OL]. (2021-8-22)[2022-5-9]. https://mp.weixin.qq.com/s/5JUl3NzwXag-
　　-Z7rWLGJlg.
2　界面新闻.引战、裂变、灰色地带？微博营销号的前世今生[EB/OL]. (2020-7-31)[2022-5-9]. https://
　　baijiahao.baidu.com/s?id=1673698758929916334&wfr=spider&for=pc.

第四章　我的全世界我来守护：饭圈粉丝杠精

随着互联网的发展，网络用户的数量与日俱增，他们借平台自由发表观点，公众的网络话语空间越来越开放。社交媒体平台逐渐成为"意见的自由市场"。自由表达意见也意味着持相左意见的群体有随时发生冲突的可能，网络暴力与战争现象时有发生，网络中的杠精群体应运而生。而在网络杠精群体中，饭圈杠精显得尤为典型。饭圈文化是青年亚文化的重要组成部分，饭圈粉丝的种种出圈行为引发了大众对该圈层的关注与研究。当下学界对饭圈领域的研究主要集中在对饭圈的运作机制的探究、对饭圈粉丝认同心理的剖析、对传播政治经济学领域的数字劳工研究等。针对饭圈中存在的杠精群体，学界一直没有做一个系统性的、有针对性的研究。饭圈杠精从组成部分上来说，具有一定的复杂性，有着以追求商业利益为目的的营销号，也有着与"正主[1]"存在"对家"关系的粉丝，他们在潜移默化中成为饭圈杠精。

总结来看，现有的饭圈研究尚未对饭圈内部群体进行分门别类和具体研究；在杠精议题的研究中，缺少对特定圈层——例如饭圈杠精——的认同与其排他性行为的追根溯源。事实上，饭圈是个多元的综合体和个体聚集的乌托邦，成分构成复杂，群体成员极易情绪化且具语言暴力倾向。因此，饭圈中存在的杠精群体的形成、表现、组成部分具有特殊性和复杂性。如果说网络生态中的杠是一种群体认同行为，那么饭圈杠精因组成部分的多样性，在形成过程中包含了他者认同、

1　正主：在饭圈中，粉丝喜欢的明星就是他们的正主。

自我认同、社会认同等。甚至饭圈杠精的形成过程，也因饭圈本身的天然排他性和受到饭圈资本的操纵，同普通杠精的形成过程大相径庭。群体往往因身份认同不断巩固、强化圈层壁垒，同时因身份认同而产生排他性质。粉丝往往会因为其自身所具有的排他性质，而对社交平台上的其他群体表现出疏远和背离；与此同时，机器算法下的推荐机制和回音室效应也助推了排他性，导致圈层信息的隔离和分化，形成"巴尔干化"[1]的网络社会。

因此，本章以饭圈中的粉丝杠精为研究对象，对饭圈10位粉丝进行深度访谈，旨在剖析饭圈粉丝杠精形成的技术外因与群体内因；同时，基于身份认同、认知失调等理论，从认知、态度、行为角度切入，进一步阐述从粉丝到杠精身份嬗变的心理动态过程及杠精诞生的根本原因。

研究发现，算法推动饭圈茧室形成，造成群体极化，为杠精诞生提供基础条件；由认同产生的价值依附是粉丝杠精诞生的前提，由认知失调演变的攻击型心理防卫和排他行为最终推动杠精的诞生。

第一节　铺陈

一、饭圈与饭圈暴力

作为互联网媒介文化中的典型代表，饭圈文化一直是逃不开的中心话题。粉丝是指"崇拜明星艺人等公众人物的一类人群，多数是年轻人，他们表现出对活跃在各个媒体平台上的偶像的强烈喜爱，并愿意为之消费"[2]。饭圈即指偶像的粉丝们组成的共同体圈子。

在网络中，以不同的偶像为中心会形成不同的饭圈，饭圈彼此之间界限清晰，强调各自的边界，甚至时有冲突。[3]饭圈的形成可以分为三个主要阶段：选择性认

1　徐安."回音室效应"视角下的中国社交平台"饭圈"文化 [J].新媒体研究, 2020, 6(3): 120-122.

2　尤旖芸, 何雨欣.冲突消解：新媒体语境下粉丝暴力行为的变迁 [J].东南传播, 2019(6): 76-79.

3　彭兰.新媒体用户研究：节点化、媒介化、赛博格化的人 [M].北京：中国人民大学出版社, 2020.

同，叠加式酝酿，情绪化运作。[1] 首先，粉丝不断接触到具有相同特性、偏好的人群和有关信息，在不断重复和自我"证实"中固化了原有的偏见和喜好，导致与其他网络群体的割裂；其次，情感和注意力是人们争相竞逐的一种有价值的物品，兴奋和团结能把人们吸引到集体中，而集体仪式能创造充沛的情感能量[2]；最后，饭圈群体在运营情绪式话题时往往运用重复、夸张的话语进行情绪的强烈渲染，在一定程度上催化了社交平台用户群体的集体情绪和行动。

饭圈具有以下几个特点。1.集群性：网络技术的发展使得传统的粉丝小圈子扩大到整个互联网，在网上形成虚拟性组织。2.区隔性：由于喜欢的对象不同，粉丝之间存在明显的界限，这就是饭圈常常强调的"圈地自萌[3]"。3.包容性：在同一圈子内，粉丝之间存在较强的包容性，只要喜欢同一个明星，无论身份、地位或者年龄，都可以在组织内平等地交流。[4]

彭兰将饭圈视为网络亚文化圈子的一种，作为"圈子"的饭圈存在天然的文化边界，"其成员也有明确的身份认同和归属感"。有研究表明：当偶像发表的言论与公序良俗产生冲突时，六成以上受访者会选择继续支持偶像。饭圈中粉丝的群体极化印证了勒庞分析的群体心理的特点：冲动与多变、易受暗示和易轻信、情绪的夸张甚至偏执。勒庞指出：群体易用盲目冲动代替理性思考；群体成员彼此间通过暗示、情感传染，以此推动群体极化。[5] 饭圈粉丝中有一部分被称作"战斗粉"，为了维护偶像与该粉丝群体的形象和荣誉，他们无时无刻不在与人交战。粉丝的群体极化在互联网时代下易引起饭圈网络暴力，饭圈粉丝转变为饭圈杠精。

纵观近几年的网络生态，从"路人[6]"到粉丝再到偶像，均遭受过来自饭圈的网络暴力，无一幸免。纵观各类文章，似乎没有学者对饭圈暴力有一个详细直观的

1 徐安."回音室效应"视角下的中国社交平台"饭圈"文化[J].新媒体研究，2020, 6(3): 120−122.
2 柯林斯.互动仪式链[M].林聚任，王鹏，宋丽，译.上海：商务印书馆，2012.
3 圈地自萌，指沉迷爱好，在小圈子里自娱自乐。
4 邓思宜.浅析亚文化语境下粉丝圈层的特征及生成[J].新闻传播，2020(11): 28−29.
5 勒庞.乌合之众：大众心理研究[M].冯克利，译.北京：中央编译出版社，2004.
6 路人，指在饭圈焦点事件中，了解事件的前因后果，但对事件主人公（通常是明星）无感，保持中立态度看待该事件的人。

定义。由于饭圈暴力属于网络暴力行为的一种具体形式，具有网络暴力行为的众多特点，我们姑且将之定义为"粉丝群体，为维护偶像形象，以互联网和手机网络为平台，对侵犯自身利益的个体或者群体，实施的有目的的、有组织的、造成伤害的行为，强迫他人对自己的偶像及所处的粉丝群体道歉"。饭圈网络暴力主要有以下几种类型：快速站队、控评"灌水[1]"、语言对抗、话题霸屏。利用勒庞的群体理论可以清晰地阐述饭圈暴力的形成过程：首先，个性湮没，粉丝形成一股顽强的力量，以单一的内在价值观与标准贯穿群体；其次，不同粉丝群体均存在专横和偏执的共性，将对方的主观臆断当成现实，继而因"法不责众"的侥幸感主动参与其中；最后，因群体性感染，产生一致性的群体非理性行为，从个人认同转向集体认同，形成饭圈暴力。[2]

学界大多将这种暴力归纳为话语层面的暴力。话语暴力是一种软暴力[3]，通过语言对他人进行攻击与侮辱，对人的精神产生伤害。从话语暴力形成的直接动因来看，可以将其大致分为三种类别：第一种是群体无意识的起哄式骂街——宽泛地将网络中旁观者的谩骂式起哄、无责任的恶评、自我发泄式的谩骂等统归为"骂街"；第二种是仇视心理驱动的恶评现象——在网络的中介化社会中，个体常以匿名身份自我掩藏和隐匿，加之群体成员的相互借力、助势，其行为也自然而然趋于非人性化；第三种是商业利益驱使下有目的的"话语围攻"现象——饭圈粉丝因站队不同、圈层不同而产生利益分歧与商业冲突。拿影视行业来举例，演员的番位至关重要，番位代表了演员的影响力与话语权，谁夺得了一番，谁就占据了话语权的高地，在剧中的戏份也会偏多。因此，对于粉丝群体来说，"撕番之战"变得尤为关键。战争引发了大规模的饭圈暴力并推动着饭圈杠精的诞生。除此之外，一些营销号也时常以杠精身份恶意出现，大肆传播明星的花边新闻及黑历史，这背后是复杂的商业利益关系，不乏竞争对手利用营销号进行有目的的话

1　灌水，在论坛中发帖。
2　王丹青.网络粉丝群体话语暴力分析 [D].苏州：苏州大学，2016
3　胡泳，刘纯懿.现实之镜：饭圈文化背后的社会症候 [J].新闻大学，2021(8): 65-79,119.

语暴力行为的情况。

但长期进行语言暴力行为的粉丝群体，个体长期处于冲动、紧张状态，很有可能在某次群体摩擦争端中、在负面情绪趋势下，做出冲动性决策，将语言暴力活动迁移至现实生活中，在不理智的心理下，对他人或自我进行物理性的攻击，例如"人肉"、线下约架、自残等。并且粉丝还会将自己视为正义的使者，将自己的暴力行为视为维护道德秩序的合理行为或被逼无奈所采取的手段。

无论是语言暴力还是物理攻击，都受到一定网络空间的"去个性化"影响。即粉丝隐藏在饭圈群体之中，受群体意识影响，往往会舍弃自我意识，盲目接受群体中意见领袖的指引，导致自我导向功能的削弱和责任感的丧失，继而产生一些个人单独活动时不会出现的攻击行为。由于责任扩散，自身道德感也降低，粉丝沉浸在网络暴力之中，很难从中脱身，反而在一次又一次网络暴力的实践训练中，越发熟练流畅，为自己捍卫偶像尊严的行为感到自豪。

饭圈杠精与饭圈暴力的诞生在一定程度上来源于对饭圈群体的认同，其理论渊源为社会认同理论，属于媒介心理学研究的范畴。身份认同包括自我身份认同和社会身份认同。"身份"（identity）一词揭示的是生活在社会中的个体与社会的关系。有学者从自我身份认同出发，运用埃里克森的自我同一性理论、米德的符号互动论，探究粉丝从对偶像的他者认同到成为粉丝的自我认同的过程，并认为在这一过程中存在着投射、补偿、移情的心理认同机制与需求。个体对群体的认同常常来源于与其他群体的比较，因而常常会在与他者的比较中获得优越感与尊重，例如在与其他粉丝群体的竞争中取得更高的超话排名等，这也常常引发群体间的敌对，群体内的"同仇敌忾"。[1]

二、研究问题与展开

出于这种考量，本研究选择从社会认同与排他性角度探究从饭圈粉丝到饭圈杠精的身份变化及其心理动因。基于上述的文献梳理，就既有研究的局限和不足，

---

[1] 曾庆香. "饭圈"的认同逻辑：从个人到共同体 [J]. 人民论坛·学术前沿, 2020(19): 14-23.

本研究主要提出以下三个问题。

Q1：饭圈杠精的组成部分及其主要表现形式有哪些？

Q2：粉丝杠精形成的主要原因有哪些？有什么客观原因与主观原因？

Q3：粉丝杠精作为饭圈杠精主力军的心理动因与形成过程是怎样的？

为了回答上述问题，本研究采用半结构式访谈的研究方法。因受到新冠疫情阻碍，笔者通过社交媒体（微信、微博）进行线上访谈。半结构式访谈利于推进话题，在自然的情境中获得较为全面的洞察。

访谈主要分为两个部分：第一部分是关于被访者的基本信息，年龄、入圈时长、正主、入圈原因等；第二部分主要集中回答饭圈杠精的主要构成及表现，粉丝杠精的形成，粉丝杠精不能杠本命[1]的心理动态过程。

通过滚雪球的方法，笔者找到 20 位入圈时间在 1 ～ 8 年的饭圈粉丝作为采访对象，对他们各自进行了 60 分钟左右的访谈。

第二节　饭圈杠精的组成部分与表现形式

基于上述文献，笔者将饭圈杠精定义为：在饭圈中爱抬杠、爱作无谓争辩且缺乏逻辑的人或组织。饭圈杠精作为杠精极具代表性的群体，其战斗力在抬杠界有目共睹。不论是捆绑营销的 CP 双方粉丝之间的对战，还是对 C 位出道的中性风女爱豆（偶像）的质疑，从偶像到粉丝再到"路人"，几乎没有谁能独善其身。到底是谁在杠？受众普遍对饭圈杠精的认定不明晰，这主要是因为其成分的复杂性，以及表现形式的多样化。

1　本命，饭圈用语，指粉丝自己最喜欢的一个明星。

一、饭圈杠精组成的复杂性

饭圈杠精相较于普通杠精在组成上具有复杂性。大多数被访者认为，饭圈杠精的主要组成部分是粉丝群体。在对饭圈杠精进行深入研究后，根据饭圈杠精的行为目的，我们可以将饭圈杠精大致分为以下四类：为了偶像而杠的粉丝、因为脱粉而杠的粉丝、因厌恶饭圈而杠的"路人"，以及正常发言被粉丝视为杠的"杠精"。

粉丝群体的抬杠对象主要包括与偶像有长期利益、资源冲突的对家粉丝、对家偶像甚至"路人"。有被访者表示：

带粉籍[1]抬杠的话，很可能败坏偶像的"路人缘"。大部分粉丝都会选择闭麦，当然这和大粉的带领很有关系，一般大粉都会在群里呼吁闭麦，在超话里劝删引战的帖子。如果有些大粉带领不当，很多粉丝也会变成杠精，之前虞书欣粉丝、肖战粉丝都是这样。

对于因脱粉回踩而杠的粉丝群体来说，其矛头直指以往所崇拜的偶像。其所"杠"之点往往集中于对偶像人品的质疑、对偶像对待粉丝态度的逆反、对偶像的业务能力和人气的攻击等。[2]除此之外，还包含着大量的情绪宣泄，激烈且反复表达自己处于"已脱粉"的状态，进行"身份的反认同"。根据对粉丝心理的深刻分析，我们可以将粉丝脱粉回踩的原因归结为以下几点。

1. 媒介所构建的偶像理想形象破灭。除了外貌原因，大量粉丝直言是因为其偶像才华横溢、人品高尚而"入坑[3]"。饭圈内甚至有一句名言："始于颜值，忠于才华，陷于人品。"但偶像形象本就是媒介建构的拟态环境的产物，偶像的穿着、喜好甚至

1　粉籍，指粉丝圈的户口，有粉籍意味着被该粉丝群体认可。与之相对，另有"开除粉籍"一说。

2　贾巴春阳. 微博上粉丝脱粉回踩偶像现象的心理学思考：以"陈学冬被脱粉回踩事件"为例[J]. 东南传播, 2019 (12): 106-109.

3　入坑，指专心地投入某一件事或一心一意地对待某一个人。

性格都是经过媒介的选择与加工之后呈现的。同时在晕轮效应的作用下，粉丝不断放大偶像营造出来的闪光点，坚定地拥护偶像，认定其为拥有高尚情操的"圣人"[1]。当偶像与其所营造的人设有所出入的时候，粉丝内心被冲击，粉丝所构建的精神世界崩塌，大量粉丝因此脱粉，甚至因爱生恨，于是怒而回踩。

2. 心理与精神的补偿。粉丝将自我想象成与偶像有着独特联系的群体，将偶像幻想为与自己有亲密关系的人，从偶像身上得到一种精神上的满足与补偿。但从本质上来说，偶像出格的行为成为一个导火索，激化了粉丝平时压抑于心中的不平衡与认知失调，导致其价值天平转移，从对偶像的崇拜转为怨恨，放大之前为偶像的种种付出。[2]

3. 受到意见领袖的影响。饭圈中普遍存在着所谓的"大粉"。这类粉丝以追星为职业，在追星上投入了许多（或做数据，或投入金钱，或兼而有之），因而具备了群体影响力，成为饭圈中的实际领头羊，其意见能轻易地左右普通粉丝的行为和情绪，并且深刻影响着其余粉丝的心理与行为。大粉一旦脱粉，就可能会影响其他粉丝一并脱粉。

4. 高昂的沉没成本。一个偶像的崛起之路是由无数金钱堆砌出来的，偶像及其背后企业深知羊毛出在羊身上的道理，不断剥削着粉丝的精力和金钱。饭圈中，存在着大量的打投和集资等活动。所谓打投，就是通过点赞、送电子礼物、评论、转发等行为增加该偶像的网络数据数量；所谓集资，就是后援会以打点人情、帮偶像过生日等理由面向粉丝群体进行集中收费，如防弹少年团某成员过生日时，就有后援会组织集资、租赁飞机、租赁购物中心大屏、租赁地铁投屏等帮该偶像庆生。此外，还有周边。时代峰峻、上海丝芭等企业均推出了自己的独立手机应用，在应用中大量售卖偶像相关周边，如扇子、勋章、口罩等，包括职业粉丝也会联系工厂制作并售卖海报、手幅等周边。以上皆是粉丝在追星过程中会消耗的

---

1 贾巴春阳. 微博上粉丝脱粉回踩偶像现象的心理学思考：以"陈学冬被脱粉回踩事件"为例[J]. 东南传播, 2019 (12): 106-109.
2 贾巴春阳. 微博上粉丝脱粉回踩偶像现象的心理学思考：以"陈学冬被脱粉回踩事件"为例[J]. 东南传播, 2019 (12): 106-109.

沉没成本，极其高昂的投入让粉丝难以回本，沉没成本给清醒过来的粉丝带来巨大打击，也由此出现了所谓的"脱粉后的猛回踩"现象。

脱粉回踩的粉丝与其他杠精的区别在于，这类杠精出于"爱之越深，恨之越切"的心理，其所杠之点往往有理有据，甚至能列举出具体事例并给出照片、聊天记录等实际证据，而非一味地抹黑、辱骂。这类杠精对偶像公开形象的感知更加深刻，对"路人"对该偶像印象的影响更为直观，其言行看起来相对客观，但其也因具备非理性情绪和过激言行而成为杠精。

饭圈杠精中除了普通粉丝、回踩粉丝，也有职业粉丝的身影。"职业粉丝"是以粉丝为职业、以追星为事业的人，这些人中甚至会有部分直接受雇于艺人经纪公司[1]，这种将追星行为与收入挂钩的人就是职业粉丝，通常在饭圈中被称为"脂粉"。最普通的一级职业粉丝就是线下应援，为明星造势。所谓"站姐""后援会"，分别是粉丝经济中"意见领袖""社群"的代名词。中级职业粉丝有一定的技术技能，负责在热门网站发帖子控评、为明星制作海报及视频、为明星"出征"。艾瑞数据《2018青年人兴趣社交白皮书》中对饭圈粉丝的画像显示：在中国互联网社交平台上，71.2%的活跃粉丝是"90后"；而在饭圈群体中，76.8%的用户接受过高等教育。由此可见，职业粉丝以成本低、可支配时间多的大学生群体为主。职业粉丝在杠精群体中占据一定比例。有被访者认为：

> 杠精里有很多是"脂粉"，其成分比较复杂，有普通职业粉丝和职业黑粉。职业黑粉会故意拉踩、引战、抬杠，专门来炒热度，夺取热度和流量，很可能是对家雇的。总之，饭圈杠精没有普通杠精这么简单，其拉踩、引战行为很多是在资本操作下进行的。

职业黑粉的抬杠引战行为，是资本下场进行市场操纵的表现。在这个流量为

---

[1] 这类"官方"粉丝又被称为"粉运"，取"粉丝运营"之意，与一般职业粉丝有所区别。如无特别说明，下文中的职业粉丝都不特指官方粉运。

王的时代，经纪公司为了博取关注，会对偶像口碑进行一定的让渡，通过对偶像制定"黑红路线"引发网络舆论关注，以此来提高热度，赚取利润。

> 有时候安慰自己，有黑料是好事，毕竟越有人黑你越说明你红。

除了由公司雇用职业黑粉外，营销号也是与利益相捆绑的潜在杠精。"谁给钱，我就支持谁。"在网络社区上流传的营销号发文的明码标价，足以证明其是资本裹挟下的产物。与此同时，营销号也常常为博取流量和点击率而自发"抬杠"，故意造谣与挑事。抬杠行为只是形式，而攫取流量与关注、提升账号的商业价值才是最终目的——越有争议的内容，越容易引发关注，也越容易提升账号的影响力与商业价值。

因此，有商业利益冲突的偶像，常常会选择利用营销号发黑帖、雇用职业黑粉造谣引战来造势，占据一定的舆论优势。

由此，看似是粉丝之间的碰撞，其本质或许是职业黑粉和营销号下场引战的结果。如果不是职业粉丝和营销号下场引战，追星很有可能只是粉丝群体间的"圈地自萌"，并不足以引发"出圈"行为。拉踩与引战有以下几种固定套路：撤热搜、购买黑词条、编造黑搜索词条、带姓名"屠"微博广场、多号联动洗脑、精心炮制黑料发帖评论、捕风捉影造谣、在粉丝圈恶意引骂战、针对部分活跃人士进行网络暴力与恶意抬杠等。

与此同时，平台也是恶意抬杠与引战行为的助推者、混乱网络舆论环境的纵容者。业内人士反映，营销号有错综复杂的关系网和利益点，有些平台履行监管职责出工不出力，实际上是在"搅浑水"，甚至充当"保护伞"。平台是规则的制定者，在饭圈粉丝的混战中，平台作为既得利益者，获取了这场战争与关注背后的实际流量与热度。因此，对饭圈暴力与骂战表示默许与宽容，从平台经济角度出发，这是一场稳赚不赔的生意。

二、饭圈杠精表现形式多样化

由于语境的不同，饭圈杠精的表现形式多样繁杂。以粉丝杠精为例，大致有以下几种类型，如表 4.1 所示。

表 4.1 粉丝杠精表现形式[1]

表现形式	定义	普通网友发言	粉丝杠精发言
文化显摆型	通过否定他人观点，凸显自身的文化程度，展现优越感。	我的爱豆是全能选手，简直就是内娱[1]的top级别。	就那样还全能？你也配？
批判挑刺型	以高傲态度恶意揣测、挑刺，实则无凭据地抹黑。	好棒啊！好喜欢看他们为梦想奋斗的样子！	女爱豆能有什么实力，指不定背后有人。
冷漠摆谱型	持高要求、高标准和冷漠态度，喜欢站在道德制高点摆谱。	我的爱豆好辛苦啊，跟腱受损还要跳舞，太不容易了。	谁家爱豆没点问题，就她不行，就她事情多。
避重就轻型	通过转移话题进而转移话题重心。	我的姐姐好美啊，简直是仙女！	你这么说好像你见过仙女一样。
偷换概念型	擅自更换对话主体，强词夺理。	网络杠精也太多了，不予理会，清者自清，佛系。	你家爱豆要是像xxx一样，能有什么可喷的？还不是因为有槽点？
非黑即白型	不懂变通，喜欢抠字眼，有二元论色彩。	我家爱豆好棒，这一路走来，太感动了。妈妈爱你！	他这么好，你怎么不为他做牛做马？多爱自己妈妈吧！
"人肉"网暴型	用污言秽语谩骂，侵入社交媒体主页，搜罗个人信息并将其公布在网上，侵犯人格权。	我个人不喜欢xxx，太做作。	大家快看，xx大学xx系的学生就这个素质？

总结来看，不同类型的粉丝杠精表现出某种共性。首先是逻辑性缺失的共性，脱离语境、转移话题、更换主语都是其常见的言论形式。其次，杠精往往漠视人与人交往的界限与默认的社会规范：常常打破公共的边界，肆意侵入他人领域评

---

1 内娱，国内娱乐界。

论，发表自以为是的见解，漠视互联网中的私人领域与公共领域的界限，并随时以越界的姿态对别人的言论进行社会性介入与实际干涉。

例如上述举例中谈到的偷换概念型，该类型杠精常常擅自更换对话主体，强词夺理，发表自我观点。如在关于争议艺人刘浩存的讨论中，当网友对刘浩存的实力发出深深的质疑或者进行批评时，刘浩存的粉丝却偷换概念，发表"你就是嫉妒美女""是不是厌女啊，追着美女骂""女生对女生的恶意真大"等言辞杠网友。

而上述举例中谈到的文化显摆型杠精，则是通过否定他人观点，突出自身的文化程度，展现优越感。在 2022 年北京冬奥会时，由于体育运动员产生明星化趋势，大量运动员的粉丝群体饭圈化，出现了以文言文为输出特征的粉丝骂战，该类粉丝以文言文形式体现自身的文化优越感。

彼时挽批仍悲痛几欲绝，遂无人理睬。此帖渐隐于百家言辞中，此处暂且按下不表。未曾料想翌日，美帝姐在踩殿竟口出狂言二则，一曰心碎挽批请进，二曰我发现一个规律。前者将心碎憔悴之人骗入，以对比加分之手言"五安没有未来"之论断。此言确有几分合理之处，乃挽批常用之自嘲手段，故挽批皆于下方留言"别刀（伤害）了""我不花火（发火）拿我当傻子啊"等话语，气氛尚可作和气融融。而后者直言"be（bad ending，悲伤结局）一次，发一次糖"，下方不乏顺杆而爬，作猴戏者。挽批遂怒，何曾料想美帝姐当机立断祭出一招"开除粉籍"，"开个玩笑也当真"紧随其后；更有甚者，竟于转发区嘤嘤卖惨"不要骂我们，骂运动员本人的是何居心？"

前六种杠精做语言文字层面的攻击，停留在话语层面与侵权的边缘，而第七种"人肉"网暴型杠精则更深入，有上升到法律层面侵权的可能：进行人身攻击，侵犯他们的人格权。有法律研究者指出，饭圈的杠精行为引发的饭圈网络暴力，极有可能对当事人的人身、财产与精神造成损害，并突破道德底线，伴随着侵权行为和违法犯罪行为。[1]由此，饭圈杠精对网络空间存在着较大的威胁，扰乱网络空间的秩序与清朗的环境。

第三节　粉丝杠精的形成：技术外因与群体内因

饭圈粉丝作为饭圈杠精的主体，其形成与赖以生存的环境密切相关。饭圈文化作为亚文化的组成部分，与主流文化存在天然隔阂，像蚕蛹一样圈地自萌。因此，我们称之为"饭圈茧室"。饭圈茧室基于技术外因与群体内因，为粉丝杠精的形成提供了客观条件。饭圈茧室相较于其他圈层，更具有排他性的倾向，形成自成一派的饭圈语言，例如"awsl""pljj""zqsg"等，是圈层内部群体自主划分的"楚河汉界"；同时，饭圈有着较高的准入门槛和入会制度。例如：

进入刘雨昕的打投群需要超话等级达到7级，并出示相关集资榜单数据。

在饭圈茧室的小小世界内，由意见领袖对偶像的统一性宣传进行议程设置，进行打榜、反黑、控评等一系列集体性活动，极其真实并有力地影响个体粉丝的心理动态趋向，在有仪式感的互动中增强了粉丝的边界感和归属感。尽管饭圈茧室窄化了粉丝的视野，却丝毫没有减少粉丝倾注的精力。粉丝在单一圈层领域纵深发展，通过对信息的转发和评论，构建出与其他群体大相径庭的场域世界。下文主要阐述：饭圈茧室的形成，主要基于以下两个层面的原因——技术外因与群体内因。

一、技术外因：用户固有偏向与算法

饭圈茧室构建的第一块砖瓦来自用户偏向。桑斯坦曾提出信息茧房形成的根

1　王晓迪.关于饭圈文化与网络暴力相关问题的研究[J].法制博览，2021(15): 154-156.

本原因在于人们在阅读上的偏食，以及固有的选择偏向。[1] 群体间的讨论只会增强其固有观点，拉扎斯菲尔德的实验证实了传播的有限效果论，传播只会强化人们固有的政治选择。对饭圈而言，饭圈的粉丝大多数通过自主选择加入，在圈层内主动接收信息，加深对偶像的崇拜和依赖。在加入饭圈之前，粉丝不自觉地已经代入了自己先验的认知与固有的看法，并根据不同原因产生不同用户偏好。

在新冠疫情期间比较无聊，看《青春有你2》，被全能又低调、温柔又善良的刘雨昕打动了，感觉她的成长经历很坎坷，很心疼她，所以也想为她出一份力，就在微博申请，达到要求之后就进群打投、集资，正式加入饭圈。

我是在闺蜜的安利下，去B站看了罗渽民的视频，然后被疯狂圈粉。主要是因为和朋友有了共同话题，所以就更容易喜欢。

粉丝选择性加入饭圈的方式主要包括：在人际传播中拥有强连接关系的好友的安利、拥有弱连接关系的网友的安利；在大众传播中通过音视频渠道垂直入坑，例如B站up主二次创作的安利向视频cut合集等。在饭圈内，粉丝通过主动加入微博超话等社交平台进行偏食性阅读构建了茧室形成的前提。换句话说，粉丝加入饭圈不是以客观的视角进入，而是带着情感偏向与主观偏好进入。

基于用户偏向的算法机制为饭圈茧室的构建添砖加瓦。后续观念的碰撞、强化甚至是抬杠骂战都基于此展开。随着互联网与新媒体技术的深入发展，平台的算法机制基于用户原先的喜好特征不断进行同质信息的推送，异化信息的过滤，强化固化茧室内群体的思维。尼古拉·尼葛洛庞蒂在《数字化生存》[2] 中提到了数字时代下"我的日报"的形成，饭圈群体也同样创办了"我的本命日报"。饭圈群体线上活动的范围主要集中于B站、微博、豆瓣等弱联系的社交媒体平台。而媒介平台在粉丝自主选择偏好的基础上，向其不断推送与偶像相关的推文、短视频内

1　桑斯坦.信息乌托邦：众人如何生产知识[M].毕竞悦，译.北京：法律出版社，2008：67.

2　尼葛洛庞蒂.数字化生存[M].胡泳，范海燕，译.北京：电子工业出版社，2017.

容；推荐有相同偏好的饭圈用户和带相似话题的营销号。在"用户偏向+算法"的"双剑合璧"下，粉丝的视线随之逐渐囿于茧室之中，造成"世界之磅礴，不过方寸之地而已；观念之繁缛，不过吾己之见为正"的"巴尔干"错觉。

我能看到的基本上都是与我爱豆相关的信息，大数据好像知道我喜欢什么，会不停地给我推关于他的视频、消息和评论，甚至会把和我有相同爱好的好友推荐给我，于是我也乐此不疲地刷。

二、群体内因：算法强化群体极化

在算法偏向基础上的饭圈茧室易产生群体极化现象，群体极化又推动饭圈茧室的深层构建。群体极化现象是指群体在进行决策时，往往会比个人决策时更偏斜于某一个极端。拉扎斯菲尔德在《人民的选择》中用美国大选来证明异质意见起到的强化作用：美国选民的选择性接触不会导致既有政治态度的转变，而是在交锋中更坚持并强化其原有态度。

粉丝在圈层内频繁输出关于爱豆的优质内容，在意见领袖的带领下互相同化，形成一股无法抵抗的力量和底气，强化对爱豆的一致倾慕和崇拜。在群体极化下，粉丝并不会因为外界对爱豆的质疑和挑衅而减少对爱豆的付出和真心。相反，当他们面临挑衅时，会因情绪渲染、舆论造势而更坚定地对爱豆付出，进行反黑[1]、控评行动，完成了从"虐粉"到"固粉"的过程，从自我认同转化为群体认同。

部分偶像公司的营销方式正是利用了饭圈粉丝群体极化以及群体认同的心理，进行相应的"虐粉"操作，通过设置偶像的悲惨剧本，增加粉丝黏性，提高粉丝忠诚度，最终获取粉丝的商业投入与情感。当被访者谈到爱豆被"杠"、被"黑"时的心理，大多粉丝均表示有代入感，并通过相应的实际行动为偶像声援。

我更心疼他了，不想让他背负莫须有的头衔，想要为他做更多，就去黑他的

---

1 反黑，指粉丝对有损正主的帖子、评论等所采取的一系列控评行为。

帖子下面反黑，或者给他投钱，用实力证明他的地位。

至此，饭圈茧室完成了构建。算法机制作用下的粉丝偏食性阅读，推动网络社会的"巴尔干化"，为构建茧室提供技术内因；而群体极化则驱动饭圈群体自成羽翼，打造茧室的坚硬躯壳。在这样的躯壳中，粉丝有了富足的养分和繁衍基地，部分粉丝完成了向杠精的身份演化。

第四节　粉丝杠精的诞生

一、群体规范：秩序与群体压力下的盲从

群体规范指，成员个人在群体活动中必须遵守的规则，在广义上也包括群体价值，即群体成员关于好坏的判断标准。群体规范是群体意识的核心内容。群体规范通过协调群体内成员的活动、规定成员的职责以促进目标的完成，并通过共有的群体规范来维持群体和个体间的同一性。饭圈作为群体的一种，个体在加入饭圈成为粉丝时，便需要遵循所谓的群体规范与饭圈的潜在规定。

从集资打榜，到无时无刻不控评、反黑，再到"不花钱就是白嫖"的强制规定，都是饭圈的内在规矩，粉丝间已然形成了秘而不宣的默契，他们心甘情愿地为偶像花钱、花时间，心甘情愿地遵从饭圈的规范，心甘情愿地为偶像的利益出征，在网络上开战，为偶像正名，其主要原因是在群体压力之下或主动或被动地遵从。群体压力是指，在群体中的多数意见对个人意见或少数意见所产生的压力。在面临群体压力的情况下，少数意见者一般会对多数意见者采取服从态度。潜在规定形成的部分原因是，随着内部成员不断增加，饭圈自然而然地根据成员对群体的贡献多少，将成员划分为三六九等。粉丝大致划分为五种类型。

1. 纯粹欣赏，不会为偶像花费金钱、消耗时间做数据的白嫖粉。粉丝经济盛行的时代，粉丝为明星所做的每一次观看、点击、转发、评论、消费，都意味着

着明星流量的实际增长，使明星更容易获得广告商的青睐和影视资源的邀请。饭圈形成初期，多数粉丝受"爱他就要为他花钱，哥哥/姐姐只有我们了"洗脑，少数或因为自身经济能力有限，或因为消费心理，不愿意为偶像的代言商务、歌曲、影视剧等消费的粉丝，就遭到饭圈内部排挤，被称为白嫖粉。而当微博、贴吧、豆瓣等社交网络平台成为饭圈聚集中心后，白嫖粉又多了一层含义，那就是在不愿意消费的基础上，也不愿意在偶像身上花费时间，为偶像点赞、控评。

2. 默默无闻做实事的普通粉丝。流量时代中的明星需要数据展现自身的商业价值和影响力，具体体现在微博转赞评、代言销量、超话排名等。大数据的背后是千千万万的普通粉丝，他们在自己可能付出的时间和金钱范围内，尽自己所能，做数据和购买代言，用这种方式来表达自己对偶像的热爱。现在有一个专门的饭圈名词来形容他们，即"数据劳工"。

3. 站在社交平台广场反黑一线的战斗粉。广场指的是在网络平台搜索某词条时该网络平台展现出的实时动态的集合。这类粉丝长期在自己偶像的广场巡逻，并且经常在对家广场进行冷嘲热讽，引发饭圈争端，被称作"战斗粉"。

4. 在饭圈中受到多数粉丝喜爱，具有一定影响力和号召力的大粉（也可能是职业粉丝）。在粉丝群体中，会为偶像画图、修图、写文章、剪辑视频，且会对粉丝群体造成影响力的粉丝被称为大粉。他们会在追星过程中发挥自己的优势，创造属于自己的价值，塑造更为立体的偶像形象，帮助偶像吸引到更多的粉丝，同时也扩大了自身在饭圈的影响力。

5. 粉圈特殊的存在——粉运。粉丝的行为本应该是自发性的，粉丝不应该成为被他人操纵的玩偶或工具。但随着粉丝经济的日益繁盛，明星越来越依赖粉丝群体给予他的商业价值，为了增强粉丝的黏性，防止粉丝大量流失，明星及其工作室或公司会培养一些粉运，安排他们在微博、豆瓣等各大社交媒体平台卧底，通过身份暗示（2021年清朗运动后，粉运浮上台面，日益公开化）吸引散粉[1]，成为饭圈所谓的人脉大粉，控制粉丝风向，做粉丝内部的危机公关。

---

1 散粉，指未加入后援会、不受明星公司及后援会管理的分散粉丝。

　　这五类粉丝各司其职，在饭圈形成了一条分工明确、有条不紊、团结一致的粉丝产业链。但尽管粉丝群体内部等级分明，活动时目标明确，信息单向传输，但作为自发形成的组织，不可避免地带有群体所特有的属性。饭圈群体情绪具有多变性，并且易受暗示和轻信，同时群体的推理能力也较弱，不能辨别真伪或对事物形成正确的判断。[1] 拉扎斯菲尔德等人在研究选举行为的基础上提出的二级传播理论，也可被用来分析如今娱乐圈的造神毁神行为。大众传播对人们的影响不是直接的，而是一个二级传播过程。来自大众媒体的影响首先到达舆论领袖那里，舆论领袖再把他们读到和听到的内容传达给受他们影响的人。并且在影响人们的决定方面，意见领袖传递给受众的信息更容易被接受。偶像作为公众人物与粉丝保持了一定的距离，于是饭圈中的大粉、粉运就成了与粉丝群体关系更为密切的意见领袖，粉丝在意见领袖的领导下，逐渐丧失个性，成为群体统一情绪中的一个符号。在意见领袖有目的的暗示下，大量粉丝集结起来，为偶像做数据，产生流量，也会在遭受攻击时，对对方进行有组织、规模性的反击，引起不同粉丝群体之间的饭圈暴力行为。而在盲目遵从意见领袖，捍卫群体权利的过程中，失去理智的粉丝极有可能变成所谓的"饭圈杠精"。

　　以"2·27"事件为例，博君一笑 CP 粉以王一博、肖战为原型，在同人[2] 软件 LOFTER 发表了文章《下坠》。以肖战为原型的人物被塑造为性别认知障碍患者，引了一众肖战唯粉[3] 的不满。而粉丝群体中的两名大粉——来碗甜粥吗与巴南区小兔赞比最先挑起争端，认为创作自由但不可侵犯明星名誉，于是两人连发数条微博，定位文章并向普通粉丝科普如何有效举报，将文章封锁。同时，她们还向有关监管部门起草举报信并鼓励粉丝们响应。粉丝群体受到大粉情绪的影响，集体出征，蝗虫过境般举报文章、"人肉"作者、举报软件与网站。不理智的粉丝将举报行为视作正义之剑，审判整个同人领域。狂热行为的负面浪潮席卷至整个互

1　陈芝伟.畸变饭圈的治安治理：以网络集群行为为视角[J].江西警察学院学报，2021(2): 7.

2　同人，指用漫画、小说、游戏、影视甚至现实中存在的人物进行的"自主"创作。

3　唯粉，在一个团队中，如果一个粉丝仅对一人着迷，而对其他团队成员不感兴趣，那这个粉丝就是这个明星的唯粉。

联网：LOFTER惨遭下架，大量同人作品被封锁，公益网站AO3禁止中国网友登录，在公共平台声援创作自由便会被辱骂"人肉"……繁荣的同人创作圈受到前所未有的伤害，创作者失去平台，用户失去精神食粮，原本CP粉与唯粉之间的骂战不断升级，饭圈与"路人"之间亦产生巨大冲突。

"情感在群体和社会中发挥了重要的作用，情感是团结的黏合剂，动员了冲突，为被动员的群体赋予能量。"[1] 不容置疑，参与"2·27"事件的粉丝，在大粉的情感影响下，产生了一种巨大的兴奋感和审判欲，被赋予超体的能量，做出损害他人利益的不理智举报、辱骂等行为后，都变成了"饭圈杠精"。我们需要注意的是，为什么那么多粉丝愿意去遵从大粉的指挥，行大肆举报之事。

德国传播学家伊丽莎白·诺埃勒·诺依曼提出"沉默的螺旋"概念：人们在表达自己想法和观点的时候，如果看到自己赞同的观点，并且该观点受到广泛欢迎，就会积极参与进来，这类观点因而得到越发大胆的发表和扩散；而发觉某一观点无人或很少有人理会（有时持此类观点的人甚至会被群起而攻之），即使自己赞同它，也会保持沉默。[2] 饭圈同样存在这种效应，群体中存在不同的声音，但要么全部拒绝，要么全部接受，不被当成真理就会被当成谬误。部分粉丝可能察觉到偶像、大粉等意见领袖做了不妥的事，但这部分粉丝不敢发表意见，因为一旦发出不同的声音，就会被视为"背叛"，被当作异类群体而受到攻击。在这种无形的心理压力下，粉丝为了保持和饭圈的关系，必须遵守群体的意见和规范，参与到不妥的行动中或者保持沉默。

如果不为爱豆"出征"，不符合饭圈群体的内在规范与秩序，就会被群体定义为"白嫖粉"。在这样的群体压力下，粉丝往往会选择遵从一定的规范，受到群体感染，最终选择"出战"。

如果我不为我的爱豆正名，不为了他的荣誉而战，我会被审判，甚至会被逐

1　柯林斯. 互动仪式链 [M]. 林聚任，王鹏，宋丽，译. 北京：商务印书馆，2009: 154.
2　诺依曼. 沉默的螺旋：舆论——我们的社会皮肤 [M]. 董璐，译. 北京：北京大学出版社，2013: 73.

出粉丝群，被称为"白嫖粉"。

二、社会比较下的自我优越

社会比较，指的是个体就自己的信念、态度、意见等与其他人的信念、态度、意见等做比较。在社会比较的过程中，适当的背景因素是不可缺少的，因为只有当有关的背景因素相当时，比较出来的结果才有意义。社会比较心理在运作过程会因时因势产生多向度的不同机制，包括平行比较、上行比较和下行比较。[1]

平行比较是指同与自己境况相仿的对象进行比较。一些学者提出并论述，上行比较是与比自己等级高的对象进行比较：如果个体预期自己在行动后可以和该对象得到相同结果，就会产生同化效应；反之则会产生自卑心理，且往往伴随着负影响。[2] 然而，另外一些学者提出的下行比较在饭圈中出现的频率更高，人们出于自尊往往会选择与自己背景不同的人、处境更差的对象进行比较，以得出合乎己意且有偏差的结论。[3] 饭圈中的成员在社会比较下产生的自我优越感可以被分为两个方面：一方面是同一偶像的粉丝向内比较，该偶像的粉丝群体拥有分明且严格的粉丝等级制度，大粉拥有更多关于偶像的信息资源，在饭圈中拥有相当的地位和影响力，从而对小粉产生强烈的自我优越感；另一方面是不同偶像的粉丝之间形成了所谓的"鄙视链"，以选秀节目出道的偶像男子团体——NINE PERCENT为例，C位的粉丝会歧视非C位的偶像及其粉丝，上位圈（第一、二、三位出道的偶像）粉丝会歧视中位圈（第四、五、六位出道的偶像）、下位圈（第七、八、九位出道的偶像）的偶像及其粉丝，中位圈的粉丝歧视下位圈的偶像及其粉丝，下位圈的粉丝歧视尚未成功出道的偶像及其粉丝，各家粉丝歧视皇族偶像（在选秀节目中受到节目组优待的偶像）及其粉丝等。

---

1 杨婷丹.社会比较理论视域下直播"打赏"的情感机制 [J].新媒体研究, 2021, 7(8): 113–115.
2 邢淑芬, 俞国良.社会比较研究的现状与发展趋势 [J].心理科学进展, 2005(1): 78–84.
3 邢淑芬, 俞国良.社会比较研究的现状与发展趋势 [J].心理科学进展, 2005(1): 78–84.

1.粉丝群体向内比较所产生的自我优越——"虚假繁荣"式的自我肯定[1]

饭圈畸形的等级制度使得"为了偶像干了什么事情""为了偶像花了多少钱"成为区分粉丝喜爱程度、划分粉丝等级的重要标准，更直接决定了该粉丝在饭圈的话语权和影响力。粉丝群体的向内比较，可以大致被分为以下两种比较倾向。

上行比较。普通粉丝在比较自身与大粉的作为，以及在饭圈中的地位后，会产生极大的落差和渴求心理。普通粉丝会在这种落差和渴求心理的作用下，去付出同等的甚至更多的精力和金钱，如果得到了所预期的回报——赢得了饭圈中同类粉丝的关注、点赞、支持，甚至成为大粉、职业粉丝，在重重赞美声、簇拥声下，就会沉溺于这种虚假的自我肯定，从而产生对其他粉丝极强的优越感。

下行比较。如果普通粉丝没有相当的精力和财力使得其成为饭圈中的大粉甚至职业粉丝，那么其出于自尊的考虑，会向下比较，与毫无付出的"白嫖粉"相比较，自然而然地产生对自身的积极评价，从而形成对"白嫖粉"的自我优越感。[2]

2.粉丝群体间相互比较所产生的自我优越——"菟丝花"型的自我认同

大到娱乐圈，小到偶像团体，其中分配资源的等级制度严明。在娱乐圈，有所谓的顶流艺人、一线艺人、二线艺人、十八线糊咖等；在偶像男子团体，有C位、上位圈、下位圈等；甚至在无明确分工的48系女团中，也存在神七、top之分。除了偶像间的等级制度分明，粉丝之间也根据偶像等级的不同，自发形成了粉丝群体之间的"鄙视链"。此类粉丝之所以产生自我优越感，大多是因为在现实生活中，其相对于同龄人难以或不能处于一个优势地位，抑或是在现实生活中难以对自身产生深刻且坚定的认同，于是这类人需要在虚拟的网络空间寻求优势地位及自我认同，自身条件的限制使其难以或不能在粉丝群体内部成为具有影响力的大粉，所以其转而向外寻求自我优越感。于是他们以所崇拜的偶像为自身审美的体现，对名气、资源、作品相对较差的偶像及其粉丝产生鄙视心理，以此形成自我优越感，形成对自我的肯定。

1　杨婷丹.社会比较理论视域下直播"打赏"的情感机制[J].新媒体研究，2021, 7(8): 113-115.
2　杨婷丹.社会比较理论视域下直播"打赏"的情感机制[J].新媒体研究，2021, 7(8): 113-115.

无论是沉溺在虚假繁荣式的自我肯定之中，不断投入大量的精力和金钱，还是迷醉于依附偶像名气的"菟丝花"型的自我认同，实质上粉丝都只能通过不断膨胀自我才能得到所谓的优越感。在虚假的优越感中，粉丝飘飘然，不断地增加沉没成本，将自我的认同全然依附于"偶像""饭圈"等将倾的大厦，不断加深自我对偶像的执念，出于虚假的自我优越感的疯魔而不断无下限地维护偶像，最终走上成为饭圈杠精、为杠而杠的道路。

三、诞生的前提：身份认同与价值依附

在基于兴趣的弱关系社交中，特别是在饭圈中，身份认同是维系社群关系的纽带。这种认同一方面来自通过社会比较获得的优越感，一方面来自该群体给予自身的身份确认。

身份认同是对主体自身的一种认知和描述。身份认同包括个人认同和社会认同。

个人认同强调的是自我的心理和身体体验，以自我为核心。个人认同掺杂在对偶像的他者认同中：在某一方面将偶像看作自己或想要成为的自己，形成一种自我投射与价值依附。价值依附是指将个人价值依附于他者的价值上，将自我价值延伸至他人。粉丝对偶像的价值依附一般体现了各种各样的心理需求，大致可分类为"投射""移情""补偿"。有被访者处于投射型认同的范畴：

我喜欢他很大程度上是因为他的经历与我非常相似，我好像从他身上看到了我自己。

而有些则处于补偿型认同的范畴：

追星之后不需要谈恋爱了好吗，因为我就是他的女友粉。

当对偶像的情感倾注到一定程度，便选择从 solo 追星变成饭圈的一员，实现从个人认同到社会认同的转变。在集体中，粉丝群体通常通过命名与偶像相关的粉丝名称、建立以偶像为核心的后援会和完整的运作体系等，强化群体对偶像的认同和价值依附。例如杨颖的粉丝名叫"杨家将"，易烊千玺的粉丝名叫"千纸鹤"等。至此，粉丝 UGC（用户生产内容）、社交平台的互动与传播同偶像发展息息相关，一荣俱荣，一损俱损。粉丝在后援会和意见领袖的带领下，由原先的个体认同转变为社会认同，将自我价值的实现投注于与偶像相关的事业中，通过控评、做数据、打榜等活动提升偶像的商业价值、出道位等，进而满足粉丝自我价值。

我会紧跟后援会的要求给他做数据、控评，陪着他出道，很有成就感。

社会认同强调人的社会属性，指文化主体在两个不同文化群体之间进行抉择，抉择后将另一种文化群体视为他者。社会认同理论[1]认为，个体对群体的认同是群体行为的基础。个体通过社会分类，对自己的群体产生认同，并产生内群体偏好和外群体偏见，即排他性的"圈地自萌"——饭圈粉丝往往会建立群体内的语言体系与规则，以此与外界做区分。

社会认同往往通过社会分类、社会比较和积极区分原则建立。社会分类将自我归入群体内——"我是王一博的粉丝，我是小摩托"；社会比较阐述不对称的群体评价和行为，偏向自己所属的群体，即从认知、情感和行为上认同自己所属的群体，增强群体归属感和认同感——"我的爱豆王一博是最好的"；而积极区分原则则强调寻求积极的社会认同和自尊，体会群体间的差异，容易引发偏见、排他和圈层固化——"你的爱豆没我的爱豆好"。

认同理论可用以分析粉丝是如何加入饭圈并成为杠精的过程：从静态的"想象的共同体"转变为动态的"互动的共同体"，在社会互动中达到强化群体认同、增

---

1 闫丁. 社会认同理论及研究现状 [J]. 心理技术与应用, 2016, 4(9): 549-560,573.

强凝聚力的效果。[1]然而，不论是个人认同还是社会认同，将个人价值依附于偶像并不断增强群体归属感的同时，也强化了粉丝对异质意见和偶像负面评价的抗拒心理。偶像形象受损，意味着粉丝自我价值受损、粉丝群体形象受损，粉丝进而出现认知失调心理，便会通过采取或攻击、或漠视、或扭曲的防卫方式缓解矛盾，以达到平衡状态。

四、诞生过程：异质意见下的认知、态度、行为

在认同基础上形成的粉丝对偶像的价值依附，为粉丝杠精的诞生提供了温床。本书将从媒介心理学理论切入，结合认知失调、心理防卫等概念，从传播效果中的"认知—态度—行为"三个角度，分析粉丝心理动态变化与粉丝杠精的诞生过程。

1. 认知：认知基模与认识失调

个体一旦归入群体，将自我价值延伸，依附于偶像、粉丝集体，其原本的独立性就被群体设定的先验认知湮没。这是由其认知基模决定的。认知基模是认知心理学的重要概念，是由瑞士心理学家皮亚杰基于儿童认知成长过程提出的。例如，在粉丝的固有认知中，自己的爱豆处处是优点，网络所推荐的信息也不断佐证自己的认知，于是粉丝便会加强这种固有印象，认为自己的爱豆就是最完美的，不接受反驳。但若新信息与固有的认知不相符合，即当粉丝看到网络中有爱豆的负面评价及黑料时，便会下意识发出质疑与抗拒，这种冲突被称作"认知失调"。

认知失调理论是由美国社会心理学家费斯廷格提出的，是用以阐释人的态度变化过程的社会心理学理论，指当他人行为、新的认知与自我先验认知产生分歧时，衍生出的不舒适感、不愉快的情绪，是两种认知不兼容的知觉。在言论开放自由的互联网平台，当粉丝捕捉到偶像的负面评论，且该评论与自我认知产生巨大鸿沟时，偶像形象受损，粉丝自我价值受损，粉丝进而在认知层面衍生"不能杠我爱豆"的强烈抵触心理。

1　曾庆香. "饭圈"的认同逻辑：从个人到共同体[J]. 人民论坛·学术前沿, 2020, 203(19): 14–23.

看到偶像被黑，我当然是很不开心的啊，表示反对和抗拒！这明显就是对家在故意黑我的爱豆！

比较生气，网络造谣没有底线，没有成本！

2.态度与行为：心理防卫与排他性

当个人面临认知失调的紧张情境与焦虑反应时，心理会产生本能的抗拒反应，会采取心理防御机制以恢复心理平衡与稳定，此即心理防卫。心理防卫是一种非理性行为，分为保守型和攻击型两种。当心理防卫属于保守型时，粉丝抗拒仍停留在态度层面。被访者被问到偶像被杠时候的态度，保守型相对"佛系"：

我不会直接杠的，我一般都是和我朋友吐槽一下，但不会重拳出击。

很少回怼，但会跟随后援会进行反黑。

我心情肯定不好，我不会怼，我会安慰自己，想着是因为她红了，有人嫉妒。

粉丝选择以激进的攻击型机制作为防卫方式时，即从态度层面的自我内耗逐渐转变为行为层面的重拳出击。粉丝心理防卫的攻击性机制的排他性特征明显，与网络杠精的特征不谋而合。由此，粉丝开始向杠精身份转变，粉丝杠精逐渐在攻击性机制的互动中诞生。

从某种意义上说，在防卫过程中建立的排他机制是粉丝成为杠精的根本动因。排他是指，在同一范围内不允许另一事物并存，在饭圈内可引申为本命具有无可比拟的唯一性。这意味着，饭圈内各家粉丝只允许承认"我家爱豆是最好的"且"我家爱豆什么都好"的观点。而防卫行为正通过水火不容的对立姿态，强化排他壁垒，衍生恶性竞争。

从偶像文化诞生至今，粉丝间便经常通过自发组织的数据battle（对战）暗暗较量，试图占领饭圈舆论高地和话语权。各方粉丝通过微博打榜的数据来证明偶像的影响力和地位。打榜竞争源自偶像产业的既定规则：粉丝的各项数据往往是评判偶像商业价值高低的重要依据和量化指标。因此，粉丝的胜负欲推动着其不顾一切地倾注时间、注意力、金钱，与各家粉丝在数据榜单上做斗争，为偶像"氪金（花钱）"，帮助偶像获取商业资源和地位。在追逐"养成系偶像"的过程中，粉丝自发形成后援会，为偶像的出道集资、打投、多平台应援。粉丝集资越多，打投数量越多，偶像的出道位就越高，获得的资源也越优质。帮助偶像实现梦想的过程也暗含着各家粉丝在排他性条件下对"唯一性"话语权的争夺。

除了恶性竞争外，提纯运动也是饭圈粉丝排他性的重要表现。"提纯"是指从CP粉变为唯粉的流动过程。从先前"同时喜欢并幻想两人之间有亲密关系"变为"只喜欢两人中的一人，同时对另一人已经毫无感觉"。大规模的"提纯"通常伴随着明星炒作、营销或大粉带节奏，引发"提纯"的甚至可能是早有预谋的操作，例如唯粉伪装成CP粉，在粉群内部散播CP中另一方的黑料。

CP粉总会受到双方唯粉的排斥和打击。"博君一肖"的粉丝、"朱白（朱一龙、白宇）"的粉丝皆未逃脱CP粉"提纯"的路径。从兼容性转向唯一性，是排他性作用下饭圈内部的必然运行规律。

由粉丝排他性行为异化形成的网络骂战、恶性竞争时有发生，在交锋中的粉丝走上粉丝杠精演化之路成为必然。影响力较大的舆论事件是发生于2020年年初的"2·27"事件，这是一个由粉丝过度敏感排外而引发网络骂战的典型案例。肖战粉丝成为这场战争的杠精主力军，引发众怒。总结来看，肖战粉丝的杠精行为主要包括：随意侵入读者相对私人的社交主页进行控评、抬杠；不合逻辑地对网站内容进行非黑即白式抨击、打压；对肖战进行自以为是的"无脑"吹捧，拉踩其他偶像；等等。参与过网络骂战的粉丝谈到原因：

> 在粉丝里，只有自家是最好的。一旦有什么对他不利的事情，当然是站在他这边。

肖战粉丝的认同与排他特质赋予其惊人的战斗力，不论是控评、打榜还是反黑，在饭圈皆名列前茅。作为粉丝个体，有对偶像的他者认同，形成对偶像静态的价值依附；作为粉丝群体，有粉丝间的社会认同，将静态价值依附转化为动态的饭圈斗争。"水能载舟，亦能覆舟"，也是这样"谁也不能杠我本命"的防卫，让肖战粉丝在理性边缘马失前蹄，过分排他以至孤立无援，最终"好心办坏事"，将偶像拉下神坛。

无独有偶，2021 年年初令舆论哗然的虞书欣粉丝网暴事件的起因是，一名网友在社交平台上发布了一则有关虞书欣的吐槽内容。虞书欣粉丝一致排外，面对陈述事实的网络言论同样进行攻击。粉丝对该网友实施大规模网暴、"人肉"搜索，甚至向网友所在高校喊话，称贵校的学生知法犯法，学校大名因此登上热搜。而讽刺的是，中南财经政法大学官博借《乌合之众：大众心理研究》回应虞书欣粉丝的集体杠精行为，最终事件以偶像、粉丝公开道歉作为结局终止。

粉丝杠精通过攻击型心理防卫，完成了从认知到态度再到行为的转变。粉丝杠精的排他性攻击防御愈演愈烈，而恶性竞争和"提纯"运动等粉丝排他行为均是粉丝杠精在排他性过程中的外化行为。在意见交锋中，粉丝杠精诞生，网络空间也因此变得混沌不堪。

第五节 爱得更加清净纯洁：优化饭圈氛围

一、推行平台管制政策

平台本身并不天生具有基础设施的公共性，它基因中的资本和商业属性，以及对数字时代最重要的基础设施资源——数据的掌控，使得我们不能简单地把平台看作社会扁平化和互联化的技术驱动力。[1]

平台具有成为饭圈杠精诞生土壤的先天条件，同时平台的运行机制和算法支配着饭圈的发展方向，平台在饭圈的构建和运行中发挥着极为重要的作用。因此，

---

1 姬德强. 平台理论视野中的媒体融合：以短视频驱动的媒体融合为例[J]. 新闻与写作，2019(6)：11–19.

平台在饭圈的治理中应当勇于承担责任。在大数据背景下，应利用平台资源对饭圈内出现的错误价值导向和不良信息进行实时管控，对饭圈中的不良活动如打投、集资进行管制，对一些不理性的饭圈话题进行限流。也就是说，治理饭圈乱象与饭圈骂战行为，还要从平台管制着手。[1]

饭圈杠精引发的饭圈暴力、口诛笔伐及平台的合谋得到了网信办的关注与治理，网信办随即开展网络清朗行动，发布《关于进一步加强"饭圈"乱象治理的通知》。该规定取消了明星艺人的榜单，在一定程度上杜绝了粉丝群体间的恶性竞争及打榜之战。与此同时，从平台角度，对排行规则进行优化，取消粉丝打榜的功能及付费签到功能，降低追星热度。禁止粉丝互撕，将部分侮辱性、贬低性极强的文字设置为平台敏感词，禁止该类词汇的使用，从源头上切断了粉丝因谩骂、拉踩而引战的可能，并有效防止舆情的升温与发酵。

根据《网络信息内容生态治理规定》，网络平台作为信息的内容提供者和传播服务者，应当履行网络生态治理的责任与义务，承担网络内容管理的主体责任，建立网络生态治理机制，培育昂扬向善的网络文化，营造积极清朗的网络生态。平台应该致力于重塑饭圈的风尚，引导明星和饭圈规范言行；优化话题，使用户关注点从关注消费、娱乐、八卦及各种奢靡生活方式转向公共话题、主流价值观、健康生活方式和积极向上的人生态度方面；通过对平台资源的优化和管理，增强对正能量的宣传力度，让网络空间天朗气清。

同时，平台应完善对引战帖及涉及辱骂、造谣等帖子的举报规则，优化平台的举报流程，加快举报反馈的速度，使得引起粉丝谩骂、愤怒的因素能够及时地得到有效处理。各个平台实施网络IP地址公开化，增强网络内容的公开性，不让网络匿名性成为网络杠精的避风港。[2]

---

1 席志武, 李华英. "饭圈文化"对网络主流意识形态的潜在风险及治理对策 [J]. 安徽师范大学学报（人文社会科学版）, 2022, 50(2): 78-85.

2 红网. 整顿饭圈，"重塑群体规范"是一方良药 [EB/OL]. (2021-8-10)[2022-5-13]. https://baijiahao.baidu.com/s?id=1707708283561129367&wfr=spider&for=pc.

二、国家应加强网络综合治理，优化网络空间监管体系

"政府在互联网治理中应当发挥主导作用。从政策制定到具体监管实践，政府都是监管规则的主要设计者和执行者。"[1] 网络治理首先应从国家层面上完善相关的法律法规，为网络清朗提供必要的法律保障。首先，明确"媒体平台提供者、网络经营者、技术终端所有者等主体，合理界定其技术性、行业性审查及监管等方面的职责"[2]。其次，认识到网络监管的连锁性与多元化，以政府为主导，联合互联网平台、娱乐文化产业、网民大众（包括粉丝群体）的力量，严厉打击网络上诸如恶意举报、"人肉"谩骂、诈骗营销等不良乃至违法行为，传递正确的上网观念，提高网民的媒介素养，让其知晓什么事可做、什么事不可做，营造和谐健康的网络空间。

三、加强对青少年的价值引领

首先，在各个方面增强青少年的精神文明建设，重视互联网在意识形态构建、主流文化传播中的地位和作用，增强主流文化在互联网中的主导地位。[3]

其次，要增强主流价值观对青少年的吸引力。主流文化尊重并理解饭圈中合理合法的需求，对主流文化要以青少年喜闻乐见的方式开展传播，打破主流文化与青少年之间的次元壁，引导青少年积极切实地参与到主流文化的构建和推广中，让青少年真正了解主流文化，将主流文化落在实处。[4]

最后，有序开展面向青少年的媒介素质提升计划。青少年的心智尚不成熟，饭圈的倒奶、非法集资等一系列不理智行为对青少年的三观养成具有极其恶劣的影响，因此我们应该全面开展青少年媒介素质教育，制定完善的媒介素质提升计划。[5]

---

1 王融. 中国互联网监管的历史发展、特征和重点趋势 [J]. 信息安全与通信保密, 2017(1): 14.

2 朱伟峰. 中国互联网监管的变迁、挑战与现代化 [J]. 新闻与传播研究, 2014(7): 80–86.

3 席志武, 李华英. "饭圈文化"对网络主流意识形态的潜在风险及治理对策 [J]. 安徽师范大学学报（人文社会科学版）, 2022, 50(2): 78–85

4 席志武, 李华英. "饭圈文化"对网络主流意识形态的潜在风险及治理对策 [J]. 安徽师范大学学报（人文社会科学版）, 2022, 50(2): 78–85

5 席志武, 李华英. "饭圈文化"对网络主流意识形态的潜在风险及治理对策 [J]. 安徽师范大学学报（人文社会科学版）, 2022, 50(2): 78–85

四、偶像及其公司积极引导，不做粉丝背后的胆小鬼

首先，粉丝群体之间最大的凝聚力来源便是他们对偶像共同的爱，随着饭圈影响力的提升，明星等公共名人应该时刻关注饭圈动向，一旦发现粉丝群体中有歪风乱象，就应该积极主动地通过社交媒体平台、工作人员等引导粉丝理智追星。偶像不能将粉丝视为自己收获名利的工具，在受到众多关注的同时，应该自觉承担起社会责任，向饭圈传递正能量，不做躲在粉丝背后的"隐身人"和"胆小鬼"。

其次，偶像应努力提升自己的业务能力，不走捷径，拒绝依赖空洞人设、炒CP、联动营销号等方式炒作自身，以获得昙花一现的流量。偶像应明白自身的榜样作用，树立良好形象，与粉丝共同进步。

最后，偶像在受到恶意诽谤、造谣、人身攻击时，不应该过度依赖或默认粉丝通过举报、谩骂及"人肉"等方式进行回击，而应该积极使用法律武器，走正规法律渠道，科学合理解决网络争端。同时，偶像也不能依靠自身名利恶意滥用法律权力，对有合理需求的"路人"或其他群体施压，否则可能会引起更大规模的反抗。

得益于互联网匿名性的庇佑，粉丝能轻易成为与现实生活中的自己有着较大差距的杠精。

不知不觉成为自己最讨厌的人。

粉丝杠精的诞生基于社交媒体账号自由切换的可操作性。大部分受访者皆表示自己拥有 2 个或 2 个以上的社交账号用以身份掩盖和身份切换。大号用以正常生活，会额外申请小号用来为偶像"正名"。

用大号骂的话，会暴露粉籍，对爱豆的名誉不太好。利用小号假装是"路人"，怼的时候没有顾忌。

在群体极化的作用下，理智的粉丝也会在集体中失去个性和独立判断的能力。

从生活中的正常人演变为在网络社会中拥有极端情绪的杠精只在一念之间。在这个粉丝和偶像成为命运共同体的时代，粉丝群体跟随意见领袖，过于强调粉丝群体的身份认同，强化粉丝粉籍的排他性和唯一性。粉丝依附于偶像，在互联网中游走，头像、ID 都采用偶像符号，偶像鸡毛蒜皮的小事都与其切身相关，却湮没了自身作为独立个体存在的意义和价值，忽略了偶像和粉丝之间天然不可逾越的边界。关心则乱，在肆意维护与过分排他的网络对战中，粉丝免不了跨越公共领域与私人领域的边界，从而加速杠精群体的繁衍和互联网舆论环境的恶化。

怼着怼着也确实会被对方影响，出言不逊，毫无根据。大部分情况都是被对方激怒，然后产生不理智的情绪。

"热爱应当使世界更大，而不是更小"应成为饭圈粉丝的训诫。固然粉丝总是热衷于对各种竞争做出普遍性的解释和判定——对家要害我家正主，但在先验认知基模、身份意识和语境、逻辑前提不同的情况下，粉丝的"抗争"，即互相对战和抬杠，除了满足粉丝的情感和价值的需求之外别无他用，反而败坏了偶像的"路人缘"，降低了偶像的社会评价。在不违反法律的前提下，对任何偶像的尊崇都是模棱两可的。如果将饭圈抬杠理解为一场"真理越辩越明"的辩论，就无异于陷入了非此即彼的二元论陷阱。事实上，粉丝真正的社会认同、认知平衡并非通过向外区隔的排他行为来实现，而是通过群体内部的互动仪式链来实现，增强彼此黏性与身份归属。为了建设清朗的网络空间环境，需提升粉丝的媒介素养和边界意识，同时平台也应加大管理力度，为创造良好的舆论环境而努力。

当然，粉丝因意见不同而产生的心理防卫和排他性措施，有时也具备一定的理性前提：对方陈述的内容完全偏离实际。当内容是与实际情况有明显偏差的蓄意抹黑，粉丝便会群起而反黑，维护偶像的利益和名誉。在这样的情境下，粉丝"不能杠本命"是一种较为理性的权利捍卫和坚毅的气场震慑，因此，不能将粉丝的维权一概而论成杠精的狂妄和傲慢行为。

第五章　真相、暴力、圈层、性别：社会议题融合

第一节　重庆公交车坠江事件："后真相"与"真相后"

一、"后真相时代"的反转新闻

（一）"重庆公交车坠江"事件始末及其"后真相"的呈现

"后真相"现象源于西方国家的政治事件。2004 年，美国传播学者拉尔夫·凯伊斯提出了"后真相时代"（post-truth）的概念，认为人类不只拥有真相和谎言，还有一大堆模棱两可的说辞，这些说辞既不能算作真相，又不能被归为谎言。2016 年"后真相"这一词跳出了政治学概念范畴，在移动互联网时代下表现出了突出特征。即真相变得不再重要或者处于次要位置，"客观事实在形成舆论方面影响较小，而诉诸情感和个人信仰会产生更大的影响"[1]，这自然给新闻反转和舆论反转提供了土壤。我国有关"后真相"现象的讨论爆发于 2017 年 1 月，此时发生的"江歌案"成为我国社交媒体上的第一个"后真相"舆情事件。此后，社会公共话题"后真相"舆情事件成为我国网民关注的焦点。由此产生的反转新闻被称为"后真相新闻"，主要特点是新闻随事件发展及舆论方向倾斜，出现一波三折或过山车

1　胡泳.后真相与政治的未来[J].新闻与传播研究，2017, 24(4): 5–13,126.

式转折，在最后才展现事实真相。

2018 年 10 月 28 日 10 时 8 分，重庆市万州区长江二桥发生重大交通事故，一辆大巴车在行驶中突然越过中心实线撞上一辆正常行驶的红色小轿车后坠江。此次事故造成 13 人死亡 2 人失踪。事故发生后，一些媒体将事故现场的视频和小轿车女司机穿着高跟鞋低头坐在马路边的照片推送至各大网络平台。在未经证实的情况下，有媒体报道称，公交车是由于避让逆行的小轿车才坠入江中的，将事故矛头直指小轿车司机。该报道随后引来众多媒体转发并迅速引发网友关注，一些不明真相的网友开始一边倒地对女司机进行人身攻击，舆情爆发。

当日 17 时，警方发布通报，经事故现场初步调查，系公交车在行驶中突然越过中心实线，撞击对向正常行驶的小轿车后冲上路沿，撞断护栏，坠入江中，而非此前网传的"女司机逆行"。此时舆情发生第一次反转，先前声讨小轿车司机的媒体、大 V 和网民等又开始忙着删帖，将舆论矛头对准公交车司机，一些媒体开始报道公交车司机在开车前凌晨 K 歌，引发网上关于"司机疲劳驾驶"的争论。

11 月 2 日，重庆万州公交车坠江事故原因新闻通气会公布了公交车坠江原因，系乘客与司机激烈争执互殴致车辆失控。事发当天，48 岁女乘客刘某因错过下车地点与司机发生争吵，两次持手机攻击正在开车的司机，司机右手放开方向盘还击。之后，车辆失控，冲到旁边的车道逆行，在撞上正常方向行驶的红色小轿车后坠入长江，造成重大人员伤亡。此时舆情发生第二次反转，引发了全网对与司机发生激烈肢体冲突的乘客的声讨，网友在为事件中无辜的受害人哀悼的同时，又开始了关于乘客素质和公共安全的讨论。

重庆公交车坠江事件发生之后，主流媒体、自媒体纷纷参与报道和传播。由于事件本身的突发性和事故后果的极度严重性，在事实真相尚未确定的情况下，各媒体急于发声，整个事件逐渐发展演变成一件由新闻报道引发的极具争议的公共事件，"剧情"一再反转。其中，传统媒体、自媒体的报道与网络上对小轿车女司机所代表的女性的固定成见，三者相互交织，形成了"后真相时代"的舆论生态现象。

（二）"后真相"下反转新闻的舆论特点

1.刻板印象下的价值站队

在"后真相时代"，探寻事实的重要性远没有情绪宣泄来得过瘾，人们第一时间会不断寻求各类碎片化信息来满足自身好奇心的需要。在重庆公交车坠江事件中，在公交车黑匣子还没捞出水，公交车事故原因还在调查之时，多家媒体仅根据小轿车事发时被公交车撞反的车头朝向误判其逆行，并朝公众发出了"小轿车逆行"的报道。一时间，网民们站在道德高度对无辜的女司机发出声讨，甚至将所有的女性司机都拖下水。待事故真相查明，警方公布公交车坠江的真正原因后，公众才了解到原来小轿车女司机也是受害者。这时候网民们又开始伸张正义，呼吁"欠女司机一个道歉"。正是因为人们对"女司机"固有的刻板印象根深蒂固，当这一固定成见已经成为大众共识时，一个偶然契机就可以让受众变得看起来具有相同的道德与价值观，这种假象会使得事件的发展在短时间内变得不可调控。大众选择第一时间抢占道德的制高点进行看似高尚的声讨，却忽略了最重要的事实因素，极端、冲动、偏执与专横的情绪埋葬了所有的怀疑精神与批判态度。

2.诱导式议题生产与话题制造

反转新闻的生产与传播依赖于话题的被制造、被转移和被放大。舆情事件的社会敏感度往往与流量和热度呈正相关，当所涉事件与国家、群体、个人日常生活、社会民生或公共权益问题关联，受众的泛平民化使内容被放大突出，信息真实性在初始极短的传播时间内易被忽略，进而问题焦点被转移。在本事件中，由于存在对女性的固定成见，因此在事件首次反转后，不少杠精的言论都带有极端女权或者男权的影子。在现代化社会中，因为不同人对女权的理解程度不同，因此"带节奏"和"被带节奏"的情形经常出现。这类争议性话题极易引发对抗性表达，也会让不少杠精在表达中消解孤立情绪。这类杠精不再通过从众来表达自己，反而能够打破常规，发表自己独到的意见。这些"少数"意见能得到更多的人群接受，从而扭转与"多数"意见派之间"你强我弱"的态势，持意见者变成"势均力敌"的双方、三方等。例如："女的穿高跟鞋车开得都比穿平跟的男大巴司机好，难道不是说明男的不适合开车？""新交规早就允许女司机穿 4 厘米以下非细高跟开车，我觉得还是穿拖鞋开车的男司机更恐怖吧。""看到性别为男就懂了。"此外开"地图炮（地域歧视）"，攻击地域也是杠精们常用的表达方式，如："四川有本事，大得很，莫请外援了大哥。""重庆人是不是有被害妄想症，随时逮着四川骂。""搞笑，重庆以前也是四川的OK？只是几年工夫，就变成重庆人，非要撇清和四川的关系了？"

二、真相后的道德责难与社会弱势心理

（一）现代性的道德流变

从本源上讲，道德源自社会，社会之外没有道德，个体只有在社会交往中才能谈论道德、践行道德。自近代以来，现代性成为社会变迁的潮流，由此带来了从传统社会向现代社会的转型，这对道德的生成与维系产生了巨大的影响。面对不确定的风险社会，个体时常会感到孤独和焦虑，正如齐格蒙特·鲍曼所言："这个时代给我们提供了以前从未享受过的选择自由，同时也把我们抛入了一种以前从未如此烦恼的不确定状态。"[1] 传统社会的没落导致了个体精神气质的激烈变化，个体的无助和孤独冲淡了昔所自矜的为他人负责，代之以为自己而活，个体道德的形成失去了社会规定的方向而偏安于己。[2]

在重庆公交车坠江事件中，网友们在分析事件真相的过程中，道德谴责一直是讨论焦点。人们愤懑于公交车上的乘客为何不制止，毕竟纵容就是姑息，姑息就是偏袒。但其实对于公交车上每一个沉默的乘客来说，他们认为将乘客顺利、平安地送到目的地是司机的职责，乘客只需要为此付出相应的车票费用，除此无他。因此，在缺乏利他性价值导向的情境下，没有以对他人负责为指向的行动经历和体验，在同情基础上萌芽的道德将始终停滞在心理雏形状态，是不会转化为德行的，这也就逐渐造成社会交往和人际关系的薄弱。

1　鲍曼. 后现代伦理学[M]. 张成岗，译. 南京：江苏人民出版社，2003.

2　乌静. 道德源于社会：对重庆公交车坠江事件的现代性反思[J]. 中国青年社会科学，2019, 38(1): 38-44.

从现代性的视角看，重庆公交车坠江事件绝不仅仅是个案，它反映了现代社会场域中无数个体的行动策略和其作为结果的原因的一种关系样态。对此，鲍曼和哈贝马斯等现代社会理论家就如何在高度个体化的时代进行道德寻根进行了深入论证，其共同之处是要修复个体与社会相连的纽带。个体越来越理性和自由的同时，以个人为中心的价值取向正在不断消解社会道德，这似乎映照了社会学关于"社会秩序何以可能"的问题。

（二）公共精神匮乏现象中的社会弱势心理

"社会弱势心理"是指普遍弥漫在社会中的相对弱势人群（自陈报告为"受害者"）由于自身权利得不到尊重或受到侵犯产生的剥夺感和不安全感，蕴含着人们对个人权益的排他性强调。它遵循利益至上原则，甚至不惜以损人利己的方式实现自身利益的最大化。这反映了当代公共精神的缺失，精致的利己主义和对公共事务的冷漠实为公民的异化，因为它强调公民权利的享有而忽视公民义务的履行。

重庆公交车坠江事件肇事者乘客刘某，视其他乘客和公共利益于不顾，以自身特殊理由攻击公交车司机，干扰公交车安全运行秩序，并造成重大人员伤亡和财产损失，涉嫌触犯以危险方式危害公共安全罪，这不仅是个人价值与道德的缺失和扭曲所酿成的苦果，也是个体找补性暴戾、过分主张自身权益、漠视法律与规则这样的"社会弱势心理"在刘某身上的集中爆发。[1] 同时，人们亦疑惑为什么司机在遭到乘客的殴打时选择了还击而不是宽恕，毕竟从社会性的角度看，选择宽恕要比还击更合适。但实际上，人们遭遇危害时，出于本能意识对冒犯者采取以牙还牙的惩罚行为是说服自己反击的最好理由。个体借助报复实现正义，屏蔽了为他人负责的社会道德，还可进而恢复他们的自我价值感和尊严。因此在对司机的道德责难问题上，网友们一度争执不下。乘客刘某作为经营至少一家店面的个体经营者在互动中肆无忌惮地由语言攻击到手机击打，显然预设性地将公交车

---

1 方纲, 李鑫诚. "社会"公交车中的"弱势心理"及对现代公民的启示[J].中国青年社会科学, 2019, 38(1): 45-50.

司机视为社会地位低下的农民工或城市底层市民。而司机置职业操守于不顾，在互殴中毫不示弱，以暴制暴。"从强势者到弱势者到更弱势者，再通过反社会行为折返到强势者，一条自我强化并循环往复的戾气之链便由此生成并持续生长，暴力事件因此层出不穷。"[1]

三、重庆公交车坠江事件中杠精的特点

（一）杠精的语言特征

本书通过列举新浪微博、B站、豆瓣等多个平台出现的例子，包括事件中女司机逆行、公交车乘客袖手旁观等议题，展示杠精群体的语言特征。

> 爱大家的嘟嘟："脚穿高跟鞋是真是假？"
>
> 菠萝不敢皮了："女的穿高跟鞋车开得都比穿平跟的男大巴司机好，难道不是说明男的不适合开车？"
>
> DID-时光大宝贝："对对对，就是女司机的错，高跟鞋太诱人，把公交车司机的魂给勾走了，所以公交车司机才撞了女司机的车，掉江里了！"
>
> 欧里欧气君沫沫："看到性别为男就懂了。"
>
> 五营三连："这个打捞速度也是醉了。"
>
> 〔阿修罗〕："这是搜救？那么多天了。"
>
> 请给阿梨寄花哥："我就觉得司机是故意的，想吓女乘客没刹住车。"
>
> 瑞祺："司机在开车还去打司机，自己作死还要带上一车人。"
>
> 迪迪深夜追剧："既然司机公司要赔，那么女乘客家属更应该赔偿。"
>
> 卖草莓的壮士："今天这个新闻霸屏了，希望公交车系统赶紧升级到无人驾驶吧。"
>
> 红星照我去流浪："无人驾驶？你让胡搅蛮缠的乘客找谁打架？"

---

[1] 顾骏.社会戾气漫溢症结及其破解[J].人民论坛，2014(25): 42-45.

1.表达的泛化与数字化趋向

强调表达思想和个性的杠精群体，在高度开放、匿名且相对自由的网络空间中寻求自我表达。随着现代社会的发展，原子化个体的网络交往半径不断扩大，他们超越其所处的环境，表达自我意识并开展社会互动。

在表达的数字化上，对于杠精群体而言，他们大量运用互联网和多媒体技术，熟练地运用数字化时代常见的声音、图像、文字等多种信息载体，扩大传播范围并提升传达效果。

杠精群体所使用的网络评论语言与汉语言文学的语言不同。汉语言文学的语言通常是用汉字来表达，用纯文字进行表意，在特定的语境中会有表意的非文字符号出现，但这些非文字符号并不占据语言表达的主要部分。可网络评论语言毕竟采用网络语言的表现形式，所以具有网络语言的特点，有纯文字的表现形式，但更多的是文字加非文字的表现形式。部分评论属于纯汉字评论，例如2018年10月29日成都商报"#重庆公交车坠江事故#坠入长江一夜，直击救援工作最新进展"微博底下的评论："不是公交车逆行撞的人家吗，控制人家干什么？""怎么？穿高跟鞋勾引公交车司机逆行？"其中有不少评论采用缩略词、流行词等表达形式："然并卵（然而并没有什么用）。"当然也有很大一部分评论以汉字为主，但其中夹杂着字母、数字、符号甚至图片等，如：包含表情的评论"四川有本事，大得很，莫请外援了大哥"后面有两个作揖的表情，表示一种反讽。包含英文单词的评论："搞笑，重庆以前也是四川的OK？只是几年工夫，就变成重庆人，非要撇清和四川的关系了？"包含符号的评论："你用键盘按↑就起来了。"

2.情绪激烈极端，借用修辞手法凸显自我

在网络舆情事件中，网民更倾向于表达愤怒、焦虑等负面情绪，更容易产生极端情绪，在评论中更容易出现群体极化的情况，出现正负双峰分布的情感内容。因此，为了更好地满足自身的情绪表达诉求，杠精群体常常巧用修辞手法凸显自己。汉语修辞格有70余种，常见的修辞格有十余种。其中，杠精群体所使用的网络语言中常见的修辞手法包括缩略、夸张、反问、层递、反复、反语、示现等。

例如，缩略："你细思极恐啥呢？"例如，夸张与对比："女的穿高跟鞋车开得都比穿平跟的男大巴司机好，难道不是说明男的不适合开车？"例如，反语："对对对，就是女司机的错，高跟鞋太诱人，把公交车司机的魂给勾走了，所以公交车司机才撞了女司机的车，掉江里了！"例如，示现："就好像发生了凶案，你刚好在现场，兜里刚好有把刀，总不能因为你有刀还在现场就给你判死刑吧？"

（二）杠精的心理特征

1. 自我优越感强烈

在对重庆公交车坠江事件相关的微博和评论进行追踪时，笔者发现这些言论大多具备的一个特征是，评论者都充当了老师的角色，"好为人师"是这类人的一大特点。比如，在《人民日报》的微博"《人民日报》评论：追问重庆公交车坠江悲剧，我们是否需要一场文明自省？"中，网友PP_Lii 在回复博主公考指南 Xfun 时说道："算了吧，你还公考指南，趁早改行，别误人子弟。"又比如，在直击重庆公交车坠江最新打捞现场的直播中，有网友回复"这个打捞速度也是醉了"，借助批评贬低相关部门的救援速度来表现自我高人一等。此外，还有："司机在开车还去打司机，自己作死还要带上一车人。""泼妇和失职司机的责任，最多怨乘客冷漠。""公交车坠江事件的背后是中国人人性的缩影。"

2. 质疑一切的逆反心理

杠精们所使用的大量反问句所呈现的另一个特征就是具有质疑和反叛的心理。打破砂锅问到底是一种求知欲的表现，但杠精们的质疑更多带有情绪化的特点，在很多时候其质疑和反叛往往超出了正常网友们的承受范畴。很多网友无法解释，也无力解释，只能说服自己不要和杠精们一般见识。这类杠精希望得到关注，从而进行"表演"，这种行为类似于社会心理学中的"焦点效应"。在本事件中，如："脚穿高跟鞋是真是假？""地理没学好？重庆市是中央直辖市，和省、自治区属于同一级别，你凭啥子扯四川？""无人驾驶？你让胡搅蛮缠的乘客找谁打架？"

3.信息茧房下的认知失调

在社交媒体带来的高参与性和高互动性的传播过程中，信息的同质化现象严重。海量信息埋没了真相，社交媒体圈层为网民构建了一个个信息茧房。在信息茧房中，海量同质化的信息不仅禁锢了网民的认知，也同质化了他们的情绪，这使得网民无法判断信息的真假，只能根据相似信息的数量，唯"多数论"，认为"多数即真理"。同时，携带着相同负面情绪的信息在不断转发传播的过程中，强化着他们情绪的共鸣，这使得其情绪反馈不断恶化，进而在不断宣泄中形成了情绪的狂欢。

总结看来，杠精群体注重在网络对话中实现自我意识的凸显，其触发心理条件主要是对代表某种民意的追求。[1] 许多杠精在网络上要努力打造自己"敢于发言""有真知灼见"和"见多识广"的人设，通过发表一些与众不同的观点来达到这个目的，博取关注。一旦有人追随，就能逐渐加强这个在现实世界中并不存在的人设。

这种"杠文化"来源于注意力稀缺时代下的个体焦虑，也是时代营造的亚文化。通过对主流文化的对抗与戏谑性消解，满足部分人发泄和自我满足的需要。此外，由于互联网的普及和社交媒体平台技术的升级换代，尤其是在重庆公交车坠江事件中广泛运用到的直播技术，群体性和匿名性交流方便了杠精的"自由发挥"，以致该事件中的群体意见对多方造成了网络暴力。在该事件中，杠精群体集中批判的话题主要在于女司机逆行、发布虚假信息的主流媒体和微博大V、议论吵架乘客、质疑公交车司机、质疑其他乘客袖手旁观。因此，杠精们的言论一方面使得包括女司机、公交车司机和动手的女乘客都在舆论的不同阶段受到了网络暴力；另一方面也逐渐模糊了舆论焦点，打击着公民的参与积极性，干扰话题讨论。不过从另外的角度来看，杠精们的这些言论也或多或少推进了有关部门对事件真相的调查，其他网友对杠精的回击也体现了这种行为有倒逼网友们规范自己的发言的用处。

---

1 张昌羽. "杠精"群像：表征、生成及引导策略[J].现代传播（中国传媒大学学报），2021, 43(12): 21−24.

第二节　从个体困扰到公共议题：刘学州事件中的杠精

2021 年 12 月 6 日，河北邢台的男孩刘学州在网上发布寻亲视频，此前他在石家庄一所专科学校读大二。其养父母于 2009 年意外过世后，刘学州一直与姥姥、姥爷、舅舅、舅妈一起生活。12 月 15 日，山西临汾警方通过 DNA 找到了刘学州亲生父亲所在的家庭，本以为事情已迎来圆满的结局，然而在 2022 年 1 月 17 日，刘学州在社交平台发文，称再遭遗弃，且被生母拉黑，原因为生母拒绝为其买房。此后，刘学州曾回应说租房也可以。1 月 18—19 日，刘学州亲生父母接受媒体采访，生母表示：拉黑只是因为想重新获得平静生活。此后，刘学州在网络遭受了不少谩骂和攻击。19 日凌晨，刘学州再次发文称，因亲生父母颠倒黑白，故决定起诉，"希望能以拐卖儿童罪和遗弃罪提起公诉"。

2022 年 1 月 24 日凌晨 2 点，刘学州在个人微博发布帖子《生来亦轻，还时亦净》，疑似轻生。"出生被父母卖掉做彩礼，4 岁养父母双亡，二年级开始上寄宿制学校，校园欺凌受害者，被男老师猥亵，寻亲男孩被二次遗弃，被亲生父母添油加醋颠倒黑白，被'网暴'，假笑男孩……"刘学州遗书中对自己短暂的一生进行了如此描述。当天凌晨，刘学州自杀，经抢救无效死亡，年仅 15 岁。24 日下午，山西警方回应正在调查刘学州被买卖一事，已找到亲生父母做笔录。28 日，微博管理员发布公告称，关于近期广大网友关注的寻亲男孩刘学州事件，微博社区进一步排查线索，发现有个别网友存在人身攻击言论，站方对排查出的 40 个违规账号予以永久禁言处置，对 52 个账号予以禁言 180 天至 1 年的处置。31 日，刘学州家人委托律师维权。律师除夕夜发文："正义也许会迟到，但绝不会缺席！"

一、网络暴力与个体的"社会性死亡"

（一）非理性思考，恶意贴标签

网络暴力是指，为了骚扰、威胁或攻击另一个人，在网络上发表具有伤害性、侮辱性和煽动性的言论、图片、视频。网络暴力行为包括散布谣言、发布虚假或会对人造成伤害的信息、发表令人尴尬的评论或照片、在网络社交群体和其他沟通平台中孤立受害者等。基本上，只要涉及威胁性、攻击性或性暗示等，造成当事人害怕、感到威胁或不友善等，就都是网络暴力行为。[1]

在遗书中，刘学州用多个短语对自己的一生进行描述："校园欺凌受害者""寻亲男孩""二次遗弃""假笑男孩"……这些表述，是加之于刘学州身上的恶意标签，"各种质疑，名牌衣服、名牌鞋、眼镜、包……这些只是他们表面看到的，就被用来诋毁我……殊不知这些是我自己攒钱买的'高仿'。说我穿得干净，有心机，有钱去三亚玩……殊不知我去三亚最初的目的是寻求解脱，想逃离这一切对我的不公。"对于杠精来说，他们最乐于做的就是"路见不平一声吼"，但问题在于，眼见不一定为实，当"名牌"背后隐嵌着"高仿"二字，不仅其所指加入了"虚荣""面子"的意涵，其能指本身也发生了变化。"当我做了要起诉的决定以后，就有很多人说我要不到房子气急败坏，于是就有很多很多人发私信骂我。"不难想象，对自诩正义的杠精来说，他们会认为："我自己辛辛苦苦都买不起房，你一个15岁的小孩凭什么张口就让父母买房子？"于是，刘学州的所有辩白都成了借口。杠精由"说句公道话"演变成单纯的"负面情绪宣泄"，尤其是在未深入了解当事人的情感和生活经历时，就站在一个第三方的、貌似客观公正的、高高在上的理性视角去评判他人的生活，看似在主持正义，其实是在进行语言暴力。

（二）无理由无限发难体现杠精思想精神危机

如果说以往的网络暴力至少是以某一核心事件作为端倪开始发酵，如今的网络暴力则体现出每时每刻、随时随地无理由无限发难的新趋势。杠精往往有着非常强烈的言论自主意识：他们一方面认为每个人都有发表言论的权利，无论是在现实生活中还是在网域空间里，都尊重他人发言的权利；另一方面，他们誓死捍卫自己的言论自由，似乎所谓的言论自由就是"我想说就说，我想说啥就说啥，我想啥

1　Kowalski, R. M., Limber, S. P., Agatston, P.W.Cyberbullying: Bullying in the digital age[M]. Malden: Blackwell, 2008.

时候说就啥时候说"。在现实场域，个体自我表达的方式和效果要受到环境和条件的限制，很多时候人们不能尽情表达自己的观点，无法尽情抒发内在情绪，长此以往，情绪淤堵容易造成心理失衡，亟须释放。而在网络环境中，虚拟的人与现实中的人的人格主体分离，人们发表自己的观点所承受的环境压力比在现实环境中小了许多。网络的匿名性及ID可随意更改，导致人们不需要为自己言论负责的心理出现，催使杠精越发踊跃发言。在刘学州事件中，杠精通常仅看到"刘学州要求买房"这一线索便立即下判断——"好男孩就不该要父母的东西"，站在道德制高点上，对别人的言行评头论足，实施道德绑架（见图5.1）。

 超级红茶咖啡怪
好男孩就不该要父母的东西，自己有手有脚不会赚么？就知道啃老，真贱

你杠你妈呢：人死了，你就是杀人凶手！
656456qoyOL：如果你是男生说出这种话就千万要在出生的时候爬出去，千万别用父母一分东西
共9条回复 >

 咖啡树爱巧克力 铁粉
只有我一个人觉得刘学洲父母没啥错吗🙈这不就是人性吗？人性都是自私的🙈🙈🙈

1-24 09:33   ⎋ 💬 👍 69

图5.1 刘学州事件中部分杠精言论

二、公共议题的事实判断困境

（一）主流媒体与社交媒体的共振

1.主流媒体扩散议题，杠精借题发挥

社交媒体崛起、主流媒体式微是移动互联网时代的显在事件。但是，无论是社交媒体还是主流媒体，在经过多年的碰撞、融合之后，各自的价值也在进一步凸显。在该事件中，前期刘学州寻亲更多借助个人抖音号等社交媒体。而随着弃养等现实焦点问题出现，事件的性质发生了变化，媒体的关注度显著上升。澎湃新闻、中国新闻网及《新京报》等媒体纷纷有所报道。也就是在这一阶段，刘学州开始遭受大量网暴。2022年1月18日，《新京报》发布短视频新闻《男孩寻亲成功

后被生母"拉黑"，生母回应》。这则短视频报道首次采访到了刘的生母，给出了刘要房这一事实点，但其中没有刘本人的回应，这也导致此报道备受争议。这或许是媒体无法预料的结果，但该短视频报道确实在客观上导致了当事人受到伤害。在刘学州自杀去世后，包括央视网等中央级媒体才开始入场；同时，大量有关《新京报》的批评声音开始出现。从媒体的角度看，大部分媒体在本次事件中并没有扮演一个从一而终跟踪的角色，而是选择在矛盾爆发后的三天才介入。更遗憾的是，以刘学州逝世为分界，事件之前的关注度远不及之后。此外，在此次事件中，没有一家媒体同时采访双方，不禁让人疑惑，媒体为何不做平衡报道？但西北大学新闻传播学院教授韩隽表示：从整体上并不能否定媒体在刘学州事件中追踪报道的价值，《新京报》也绝不是一部分网民口中的"不良媒体"，如果不是刘学州果决极端地离世，相信后续媒体会引领更具公共性的议题，做更平衡的表达，社会也会释放更多善意。虽然如此，专业媒体确实应该借此报道反思一些问题：如涉及未成年人，报道如何更审慎、更客观、更平衡？如何第一时间预判网络影响？如何优化移动互联网时代新闻生产作业流程促进良性互动？等等。

2. 社交媒体议题逐渐演化

社交媒体议题的演化方式有两种："一种是传统主流媒体认为重要的议程在网络社交媒体引发热议；另一种是在网络社交媒体引发广泛参与和讨论的议题得到传统主流媒体青睐，并成为其一段时间内的报道重点。"因此，社交媒体的传播效果对于新闻价值大小提供了数量方向的考量依据。在刘学州事件中，主要议题有：刘学州与亲生父母的矛盾、媒体被指为了流量做片面失实报道、刘学州遭受网暴、亲生父母责任等。从词云图可以看出（见图5.2），亲生/非亲生、男生/女生、父母/孩子等几个对比关系一直是热议话题，这也是不少杠精尤为感兴趣和热烈讨论的地方，例如："好男孩就不该要父母的东西，自己有手有脚不会赚吗？就知道啃老，真贱。""如果是女孩，现在亲爸和亲妈能打起来，毕竟嫁出去就有彩礼收。"除了对比，在该事件中，不少缺乏共情能力的杠精也会用反问质疑一切，如："还真有姐妹同情男人？先心疼心疼自己好吗，有的是男的心疼男的。""他是受害者，死了又怎么样？有空关心男的，你们就是不对。""这不就是人性吗？人性都是自私的。"

图 5.2　刘学州事件词云图

3.趣缘圈层下的个人化推理

在主流媒体影响力受到社交媒体削弱时，一旦网络舆情爆发，许多网民更容易受到身边网络小圈子的影响，做出与事实真相截然相反的判断，这在很大程度上会使人在情绪的发泄中丧失对真相的探求。[1] 对新闻真实的探寻在众声喧哗下演变为对新闻的个人化推理。依据社交媒体中的不确定性信息，人人都迫切对新闻真实进行"合理化"推断、还原、想象、假设。定义事实的角色发生了转变，掌握舆论发声权的不仅仅有专业媒体，还包括一批具备一定批判能力的网民。由于真相的定义者角色多元化，当他们在进行事实阐述和二次传播时，就有可能诱发滋生虚假信息，而这些虚假信息对当事人真实境地的揭露和个体困境的解放制造了更多困难。

由于网络社群呈现出极强的线下隐秘和线上鲜活特征，从而逐渐消弭了社会空间边界。受众从社会空间的地理区域同场开始向网络社群组织心理结构同场转变，即从空间接近向心理接近发生流变。杠精群体往往集中在各类新媒体平台大V的评论区，这里是热点事件中各方进行话语表述及话语权争夺的主要平台，大

1　刘雯,黄宇鑫.从个体困扰到公共议题：后真相时代新闻价值标准的流变[J].传媒,2020(6):93-96.

V 则是这类小圈子的意见领袖，他们都有一个共同的心理特征，就是乐于表达对抗性意见。"杠精"的对抗性表达不同于"辩者"的论辩，两者在互动交往的目的上有本质的区别。论辩是哲学、政治活动的重要形式，论辩旨在发现真理、服从真理、坚持真理，通过摆道理、论真理使双方达成共识。而对抗性表达常常无视对方话语意图或意义，只求否定对方、标榜自我而不求真理，为反对而反对，不考量论点是否正确、论据是否真实、推理是否合乎逻辑，因此通常存在两难推理、循环论证、以偏概全、区群谬误、诉诸类比、诉诸主观情感等明显逻辑谬误。在刘学州去世，事件真相逐渐浮出水面后，部分杠精仍旧抖机灵地持反对意见："只有我一个人觉得刘学州父母没啥错吗？""男人被男人猥亵一下没多大伤害，从伤害性上讲都不值得一提，我被猥亵过，我都不觉得有多痛苦，又不是男人奸污女人，他主动对那么多粉丝讲出来真的是矫情过头了。"

传统媒体里，个体生命难以直抵公共空间的核心，个人话语无法与公共话语实现同频。而新传播技术的出现给了广大网民更广泛的发言权，信息生产及传播不再依赖于单一的传统媒体，传统媒体和受众共同参与构筑了一个崭新的话语场域，这也让传统媒体对公共事件的判断有了更新的量化指标。其中，刘学州借助社交媒体抒发个体话语，引起网友、公共媒体的关注，借助社交媒体，个体话语实现了向公共场域的流动，让更多人关注到了"拐卖、猥亵、弃养、网络暴力"等公共议题。在社交媒体时代下，站在舆论风暴中的未必都是著名人物或事件，小人物或者日常事件同样也能够因为利益冲突、心理贴近，借助网民的讨论、媒体的聚焦而放大，进而演变为小群体之间的观点、利益之争。

（二）非理性的"反沉默的螺旋"

杠精行为实质上是非理性的"反沉默的螺旋"，杠精不再通过从众来表达自己，能够打破常规，发表自己的意见，而这些少数意见反而还能被更多的人群接受，从而扭转与多数意见派之间你强我弱的态势，变成势均力敌的双方、三方等。他们采取的是一种损害他人从而获得自我安慰的方式，往往并不在乎事情的真相，而将重点放在能否给对方扣上帽子，让自己站在道德制高点上。当优质用户遇到杠精的时候，情绪难免受到刺激，产生愤怒转而离开。杠精们驱赶了优质内容生产者，吸引更多的杠精加入，从而形成了用户成分恶性循环。同时，抬杠的频繁出现会进一步诱发其他的杠精的内容生产，不利于优质内容的输出，加剧"沉默的少数"不发声。

刘学州事件主要的舆论阵地在新浪微博。社交媒体平台的发展，推动公共话语空间的出现，也为网络暴力提供了温床，在这个过程中平台难辞其咎。2022年1月24日下午，针对寻亲男孩刘学州事件，微博社区管理官方微博发布消息称，根据用户举报投诉，社区未成年人保护专项团队对相关泄露当事人个人隐私、挑动矛盾纠纷的违规内容进行排查清理，清理内容290条。随后，微博社区管理官方微博称拟上线两个新功能：一键开启"防暴模式"，开启防暴模式后用户能够在可选时间内，隔离未关注人的评论和私信攻击；当用户收到大量非正常评论时，将弹窗提示用户是否开启隐私防护功能。平台作为互联网服务提供者，对网络用户所实施的侵权行为，也具备一定的沟通、审核、采取必要措施等义务，在一定情况下也可能要承担一定的责任。当然互联网不是法外之地。任何人都不能在网络上肆意妄为。受害人在网络上遭遇侵权时，也要及时拿起法律武器，维护自身权益。

第三节 "2·27"事件：群体行为中的杠精

2020年2月24日，博君一肖写手迪迪出逃记在全球非营利性开源同人作品托管平台 AO3 和 LOFTER 网站发布涉及成人内容的虚构同人小说《下坠》，并同步分享在微博，引起肖战粉丝不满。原因是该文以肖战为主人公，却将其设定为有性别识别障碍的发廊妹，并将王一博的形象设定为与之相恋的未成年中学生。肖战粉丝认为偶像形象受到侮辱，对文章加以批判，随后以"避免人身攻击"为由向首都网警、国家网信办举报中心等相关部门发动大规模举报，最终导致 AO3 用户无法通过国内网络正常登录平台，迫使AO3网站最终被封禁，无法访问。同时，粉丝们对文章作者则进行人身攻击，将其"人肉"搜索出来，要求作者所在学校对其予以处理。此时的粉丝群体在乎立场更甚于事实，将关于话题的讨论变为意气之争，以至于继AO3之后，LOFTER、B站同类内容均被举报封禁，Steam、百度网盘、剑网3等非社交平台也受到部分举报影响。

2月27日，AO3国内创作者、使用者和因事态扩大而牵涉的更广范围内的趣缘群体，纷纷集结进行更大声势的反抗，声讨肖战粉丝甚至饭圈。随着事件的不断发酵，该事件引发了全网范围内针对肖战、肖战粉丝及其代言产品的抵制。3月1日晚，肖战工作室在微博发文道歉。该事件也被称为"肖战粉丝事件"或"'2·27'事件"。

一、网络圈层化背景下的群体极化

（一）非理性驱动下的群体讨论

费孝通先生在《乡土中国》中提出了"差序格局"理论，指出圈层发生在血缘、地缘等社会关系中，以自己为中心像水波纹一样推及开来。杨国枢进一步指出，"以自我为参考点，向外圈扩散"是中国人社会关系圈层的组建逻辑。[1] 社交媒体圈层的传播结构模式由核心传播节点、互动圈层构成，个体冲突一旦上升到社群层面，各趣缘群体以不同利益和价值观出发，就会产生新的议程和新的冲突（这种冲突可能是更广范围的）。纵观整个"2·27"事件，积极的事件行动社群大致分为肖战唯粉、博君一肖CP粉、黑粉、同人圈四个社群。在事件发展的不同时期，社群内部、社群之间的话语实践也不断发生变化。[2]

在"2·27"事件中，双方的骂战围绕着创作自由、粉丝行为是否上升至偶像、同人文创作边界等判断型话题展开。对于判断型话题，群体讨论的目标是要做出一个"道德的""合适的"或者是"最好的"决策，但针对该话题，实际上很难找

---

1 杨国枢.中国人的社会取向：社会互动的观点[J].中国社会心理学评论，2005(1)：21–54.
2 廖喵婧.互联网趣缘群体在新媒体事件中的话语建构：基于"AO3事件"的分析[J].视听，2021(4)：119–121.

到真正意义上的"正确的"答案，群体讨论所达成的一致决策可能就是这一结论的"正确性"所在。当遭遇圈层之间的群体极化现象时，群体内部讨论出来的"正确的"答案，往往对对方群体来说是"错误的"答案。肖战粉丝以爱之名举报作者并牵连AO3、LOFTER等平台，最终AO3用户及同人圈痛失AO3平台；AO3用户及同人圈抵制肖战代言，又激起肖战粉丝网络暴力回击。此外，圈层之间的异质性将双方矛盾无限放大，"你侮辱正主我就举报""你上升平台我就上升正主"，非理性驱动下的报复和愤怒，以正反馈形式再次强化了群体内部的态度和观点，使得群体内部态度继续偏移。[1] 通常情况下，圈层之间的冲突，导致两个或多个圈层内部的态度观点极化。而圈层之间异质性较强，隔阂较深，冲突一旦发生立马形成鲜明对立。因此在网络圈层化背景下进行去极化操作，需要更多方面的人士协同努力，以社会宏大话语推进多种文化交流，提倡包容对话的思想，减少群体分歧，如此才能打破圈层区隔的局面。

（二）极端化的粉丝文化引发集体反感

在该事件中，依托社交媒体平台的饭圈高度组织化、规模化和效率化，这种粉丝群体自组织的力量也折射出了社交媒体时代粉丝文化的负面效应。"2·27"事件是一个缩影，它所反映出来的是饭圈近几年以来的诸多极端化的负面发展，例如从对偶像几乎是无保留地绝对崇拜，以及针对对家粉丝的永无止境的攻击，到现在这样利用外部资源来铲除对手——而这或许只是必然"进化"的一步而已。在这一事件中，无论是创作同人作品的粉丝，抑或是举报平台的粉丝，他们实则都是出于自身对偶像的预设和情感需求而为偶像付出劳动。但在情感劳动过程中，他们的情感产生偏颇，行为变质。

通过对饭圈进行解构可以发现，粉丝群体把偶像当作自己的心理寄托，在某种程度上，粉丝群体内部是一个类似信息茧房的结构。在数以千万计的群体里，

1　申金霞，万旭婷.网络圈层化背景下群体极化的特征及形成机制：基于"2·27"事件的微博评论分析[J].现代传播（中国传媒大学学报），2021，43(8): 55-61.

每个人都对自己的偶像保持最好的幻想，并在群体内部一致性不断加强的过程中，变得对其他负面信息敏感多疑，如此便容易滋生极化心理和群盲行为，于是各种粉丝之间的互撕行为屡见不鲜。[1]此次"2·27"事件也是一样，因为认为文章内容有女性化、污名化偶像的嫌疑，于是通过"人肉"作者、网页举报、打举报电话等方式轰击"异端群体"，有些粉丝甚至"翻墙"去国外网站留言，声称自家正主被打压迫害，寻求海外粉丝的帮助。这些行为已经不是法律范围内的正当维权，而是极端化的群盲行为。这种行为不仅容易招致"路人"的反感，还会反噬自家偶像，给偶像招黑。尽管粉丝群中也有理性追星的人，但由于"脑残粉"的长期存在且影响面广，公众对粉丝持有的"疯狂""冲动"的刻板印象始终挥之不去。

二、差异文化群体间的平等

（一）承认差异文化群体间平等的基础

如何协调差异文化群体之间的关系，既是现代社会面临的挑战，又是传统政治理论研究不曾关注的话题。多元文化主义认为，尽管历史上多数国家都是由差异文化群体构成的社会，但这种差异并没有获得主流群体的承认，它们充其量不过是"存在"而已。[2]"承认"在现实生活中往往是在群体的环境下产生的，自身的群体身份特征成为被他人识别的主要依据，人们通过对"我"的群体身份的基本认知而对"我"的生活方式和行为产生稳定的期望。尽管不同的群体文化塑造了不同的个人，但有一点是必须承认的，即所有文化都存在一种普遍的"能力"——能为个人提供自我价值认同和安全归属。群体文化包含了个人生命追求的目标，以及个人在社会关系中的价值，构成了个人幸福的起点。在这个意义上，应当承认所有差异文化在价值上平等，正如多元文化主义坚持认为的那样，群体文化的内在价值而不是其历史结果决定了群体文化的平等地位。

---

1 任正雨.社交媒体时代粉丝文化的负面效应探析：以"肖战粉丝事件"为例[J].视听,2021(4):122-123.
2 陈炜.多元文化主义对群体正义的多维度考量[J].理论月刊,2020(5):64-71.

（二）如何正确协商群体间的正义冲突

承认文化差异并不意味着秉持文化相对主义观点。相反，一些最基本的、反映了现代文明进步的基本道德是存在的，比如人不可被无辜地奴役、杀戮或者受到身心折磨等，基本道德具有最高的正义，任何群体文化所理解的正义都不得与之相违背。但是除了上述基本道德以外，现实中还存在着大量不确定的价值判断，例如死刑、堕胎、一夫一妻制、同性恋等，不同群体都可以对此提出理性而合乎逻辑的解释。人们对上述问题的正义性的理解将随着时代进步和文化交融而发生改变，因此基于协商产生的共识只是一种暂时的妥协，但在未能获得更具理性的答案之前，协商所体现的程序正义就是群体间正义的最优回答。正义的协商方式使得差异文化群体能彼此倾听，并随时准备改变自身固有的理解，从而在更大的范围内加深对正义的理解。

三、趣缘圈层中杠精的共同特征

（一）杠精的语言特征

1.各具特色的自家语言

"2·27"事件同时涉及饭圈和LGBTQ[1]话题，因此杠精们在词汇选择上更具有经济性、隐蔽性、时新性和圈层性。圈层用语的普遍性特点包括以下几点。一是在与汉语有关的来源方式中，最常运用引申的手法，把原有词义放置于趣缘群体语境中重新解释，如净化、捆绑、抠脚。由于使用网络语言时不受强制性规范要求，为追求新鲜有趣，趣缘群体往往改变原有词语词性并为之增添新的含义，制造语言陌生感。二是尤其喜欢运用省略。三是根据群体使用需要大胆创造新名词、组合特有动词。如"yhsq（淫秽色情）""bjyx（博君一肖）""wb（微博）"等，创造这些词汇，是为了遵守平台规则，而最现实的原因是采用英文缩写确实比采用汉

1　lesbian、gay、bisexual、transgender、queer五个英文单词首字母的缩写，五个单词分别指代女同性恋、男同性恋、双性向者、跨性别者、酷儿。

字要节省时间，省去了在键盘上打出一个个完整的拼音，然后又要在同音字中苦苦寻找需要字所花费的时间，符合经济省力的原则。四是非语言符号，包括表情包，也是杠精们经常使用的词汇，如"文章开头的英文能看懂再说话😂""你们砸的是酒吗😄你们砸的是无辜的酒吧，还扯这些有的没的，搞笑死了"。表情包的使用也能够表达反讽、嘲笑等内在含义。

同时，据联合国教科文组织的统计，进入新千年后，边缘化的群体语言消失速度正在加快，每14天就有一种语言灭绝，近一半的语言处于濒危状态。不同的圈子有不同圈子的"行话"，甚至可以说是"黑话"，只有圈内人才能交流，圈子形成自我保护网，将他者隔离在用网络语言形成的无形屏障外。这无疑能增加圈内人的认同感、归属感，他们甚至以此为荣。杠精们也会使用一些流行语、网络用语，如"双标""虾式路人""融雪剂""小废虾""球球惹""臣妾已经讲累了"等。

2.强调圈层的对立性

upupup婶婀说："AO3上确实也有很多内容搞h色（搞黄色）……"

瓶仔爱小狗："ghs？预警你不会看？你难道不靠ghs（搞黄色）出头？"

向卑："但是我们也不能否认，现在很多名著里也有您所谓的ghs的内容，对吧？"

大唐年度最佳信使："你怎么不抵制一下自己，你也是yhsq（淫秽色情）的产物呢。"

不同圈层拥有各自的历史和价值观，例如在谈及AO3平台的色情属性时，不同圈层的人甚至对色情文化都有不同的定义。杠精们试图通过贬低，挑起双方因认知差异造成的冲突。杠精们在"2·27"事件中经常将反复和层递一起使用，意图强调双方之间的差异。

金枪鱼蛋黄酱bot："求您先举报一下疯狂给我推送炼铜（恋童）文学（还一定

带有穿越元素）的wb行吗？求您举报一下现行的所有打擦边球的平台，放过AO3吧。也求您先把内部清理了（比如您的脑），再往外走成吗？我好担心您就算看AO3也看不懂啊，在推特上被人当成笑话还不够吗？卖国洗白不可耻？"

暮酒mujiu："整天说啥呢肖战粉！写文的是你肖战粉，看文的是你肖战粉，宣传的是你肖战粉，喜欢bjyx的是你肖战粉，不爽的也是你肖战粉。然后你把平台举报了？我又不是你们肖战粉，根本不看你家文。"

3.夸张、反问：圈层间的相互贬低、嘲讽

夸张是故意夸大对客观的人或事物的描述。反问也叫反诘、诘问、激问，是一种无疑而问、明知故问的修辞手法，用疑问的形式表达确定的意思或者加强语气进行强调。夸张和反问在饭圈互怼中运用得很广泛。例如，网友NTNH_南烛嘟嘟：《下坠》是你们家粉丝写的。你家哥哥糊穿地心了开心吗？对赌协议44亿元你来赔吗？迪士尼污名化了你来赔吗？"网友今天要去捡破烂了："哈哈哈，你能去联合国把日本举报了吗？他们国家还拍真人的，太黄了，肯定对你家孩子不好！"网友番茄你个秃头泥："你算老几啊，让别人不发声？你以为这事难理解吗？就算是没上过学的也知道是非黑白，懂不？"这些言论通过反问和夸张达到吐槽的效果。

4.简化版表述：试图获取"路人"支持

为更多获得圈层外群体的支持，杠精常使用借代手法简化事件脉络，试图以偏概全地获得舆论支持。在"2·27"事件中，由于绝大部分人对AO3等小众平台及LGBTQ群体不了解，不少"热心"的杠精会采用指代的方式为"路人们"解释事情的原委，好让他们参与到举报行列当中。例如网友雪鱼冒泡泡曾发布微博："还没往下看，开篇逻辑就不对。超市架上的酒合理合法存在，因为未成年人不能饮用，就把酒砸了，这种行为不合法。而平台上的'酒'涉h，本身就违法，'砸酒'这种行为因而并不违法。"其中，他用"酒"指代同人作品《下坠》，用"砸酒"指代"举报"，在不经意间偷换了概念，并未意识到其存在的合理性，而是以谈性色变的视

角否认整个生态圈，从而导致不明就里的"路人"加入对抗的阵营。

娜wNaa："原来《下坠》是同人文，你敢拿去给你的子女看吗？"

静心思变121："哈哈，我又来了，尽管拉黑。你们的意思是说，《检察日报》支持一个写黄暴文和恋童文的网站？你们是想留着这个网站给你们的孩子看吗？"

眼中的星辰大海都是你："我一直以为是肖战和一群帮他说话的'路人'受到了网暴，原来最高检察机关是这样认定这件事情的。受教了，我20多年的书白读了，作为大学老师，我无力再教导学生是非对错，呵呵……"

同人文属亚文化，由于国内的政策和法律，同人文一直属于被挤压的文学创作类型，而AO3对于同人文作者与粉丝来说，是"精神家园"，是"最后一块栖息地"，其意义完全不逊于肖战之于肖战粉丝。然而肖战粉丝按下举报键，就意味着双方规则开始碰撞。

（二）杠精的心理特征

1.群体正义感

在"2·27"事件中，不少杠精粉丝给《下坠》扣上了"侵犯名誉权""危害未成年人"的帽子，并召集其他粉丝举报《下坠》一文及其作者。在心理认知失调之后，肖战粉丝并未停止行动，而是在虚假共识效应的影响下，认为自己是匡扶社会的"仁义之师"，宣扬举报不仅仅是要为自己爱豆讨回公道，还保护了网络环境。这种虚假共识效应是一种认知的成见，即个体倾向于高估自身观点的典型程度，认为自己所持有的信仰、偏好、价值观、生活习惯是正常的、标准的，是社会所公认的。[1]这种成见会导致一种虚假的共识，其能够满足人们被认可的心理需求，有助于提升个人自尊。如网友静心思变121的论调："哈哈，我又来了，尽管拉黑。你们的意思是说，《检察日报》支持一个写黄暴文和恋童文的网站？你们是想留着这个网站给你们

---

1 Ross L., Greene D., House P. The false consensus effect: An egocentric bias in social perception and attribution processes [J]. Journal of Experimental Social Psychology, 1997, 13(3): 279–301.

的孩子看吗？"该网友站在道德制高点上，自认为自己举报是为了净化网络环境，实乃谈性色变。举报是公民行使社会监督权的手段之一，然而肖战粉丝有组织地对AO3网站进行举报，并用舆论力量影响执法部门，其目的和公正监督无关，甚至超出维护偶像形象的范畴，只是单纯地泄愤，试图让自己针对的对象受到伤害。[1]

2.不达目的不罢休

对于杠精来说，与大多数人的对立问题并不是一言两语就能解决的，各方之间往往需要"大战"几个回合，讲清楚自己的观点，才肯罢休歇战，所以很多微博评论区常常是大型battle现场，这样的大战甚至会演变成双方、多方混战，最后以拉架、网暴结束。可见，杠精内容的输出是持续性的、稳定的，并且不一定由一个人完成，而是接力进行。双方圈层不达目的不罢休的这种对立行为，引发了同人圈与粉圈两种亚文化的冲突，既使得同人圈痛失所爱，也激发了更广大的"路人"对失控粉丝的同仇敌忾，推动了以同人圈和大范围"路人"为集体的群体极化的形成。在该事件中，AO3只是开始。在这场冲突中，不仅肖战本人的形象和商业价值遭到损害，同时微博、B站、晋江、猫耳、百度网盘等各大网络平台也被波及。

"2·27"事件实际上涉及了两个不同的在自我范围内的"合理性"诉求的冲突：一个是饭圈为维持自己的爱豆认同所付出的努力；另一个是同人文学圈消费明星以满足自己的心理需求，进而通过写作自由实现自己欲望的需求。这两个"合理性"同时存在于一个特定的现实时空中，冲突就不可避免地发生。[2]而乐于对抗性表达的杠精往往表达得多有谬误和极端，经常无视对方真实意图或话语意义，拒绝考虑话语理解的逻辑性要求和现实语境的制约性，利用网络对话的碎片化、模糊性和话语不确定性来寻找对方观点或表达方式的瑕疵。这其实也是媒介素养缺失的表现之一，媒介文盲对"人类精神具有潜在的破坏和毒害作用，就像被污染的水和食物对网民肉体的损害一样"[3]，这种现象在亚文化趣缘群体中表现尤为突

1 谭天.披着正义外衣的网络暴力："肖战事件"舆论演变反思[J].声屏世界, 2020(12): 97-98.
2 臧海群.后疫情时代社交媒体公共治理和媒介素养的多维建构：以网络亚文化社群冲突为例[J].新闻与写作, 2020(8): 24-30.
3 波特.媒介素养：第四版[M].李德刚, 译.北京：清华大学出版社, 2012(10): 9.

出。数字时代原住民从出生便开始接触电子产品，他们对媒体的技术层面的使用有"无师自通"的天赋，但对媒体深层次的文学、语言学、美学、伦理与道德等领域的认知、反思、理解和批判，即媒介素养的理解模式，却十分欠缺。媒介素养的形成需要社会与个人层面的系统训练与长期教育，它不是一项自动生成的技能，需要终生的学习和建构。

第四节　货拉拉女子跳车事件：杠精眼中的性别与空间

2021年2月6日21时，23岁的车某某搭乘货拉拉司机周某某的车搬家。21时30分，车辆驶入长沙市岳麓区曲苑路段时，车某某突然从副驾驶座跳窗，后经抢救无效不幸离世。2月24日，货拉拉发布致歉和处理公告，表示将立即推进整改工作。3月3日，检察机关以涉嫌过失致人死亡罪对犯罪嫌疑人周某某批准逮捕。9月10日，长沙市岳麓区人民法院对该案做出一审判决，认定周某某犯过失致人死亡罪，综合考虑其具有自首、自愿认罪认罚、积极对被害人施救等情节，依法判处其有期徒刑一年，缓刑一年。一审宣判后，周某某向长沙市中级人民法院提起上诉。长沙市中级人民法院审理认为，上诉人周某某在平台接单后，因等候装车时间长、两次提议有偿搬运服务被拒而心生不满，在运输服务过程中态度恶劣，与车某某发生争吵，无视车某某四次反对偏航的意见，在21时许执意将车辆驶入人车稀少、灯光昏暗的偏僻路段，给车某某造成了心理恐慌。周某某在发现车某某探身车外、可能坠车的危险情况下，认为可以避免，未及时采取制止或制动等有效措施，致车某某坠车身亡。长沙市中级人民法院认为本案事实清楚，依照《中华人民共和国刑事诉讼法》有关规定，决定二审不开庭审理。2022年1月7日，长沙市中级人民法院依法对涉案司机、上诉人周某某犯过失致人死亡罪一案作出二审裁定，驳回上诉，维持原判。1月7日下午，周某某获知二审结果后告诉中新网，他对此结果不服，将申诉到底。

一、性别冲突与身份焦虑

2021 年 2 月 21 日 21 时，微博名为"今夜的风格外喧嚣"的网友发长文，以弟弟的口吻讲述姐姐车某某 2 月 6 日租用货拉拉车搬家，在跟车途中跳车身亡的遭遇，展示了女孩的照片、行车路线、聊天记录和就诊通知书，并对司机的偏航行为和货拉拉公司的监管缺失提出质疑。当晚#长沙 23 岁女生在货拉拉车上跳车身亡#话题登上微博热搜榜第一。随着人民网、中国青年网、央广网等中央级媒体纷纷发声，受众的关注点聚焦于涉事多方主体和女性安全话题。2 月 24 日至 26 日，在微博平台上搜索关键词"货拉拉"，相关话题数多达 83 个，舆论达到高潮。3 月 9 日，自媒体风云学会陈经和凯迪网络发布微博，暗示跳车女孩从事不良职业，并附链接描述女孩职业被扒全过程，微博点赞数达 2 万，话题登上微博热搜前五。"反转！货拉拉女孩职业曝光，月入 2 万元，专挑男人下手？"引人注目的数字和桃色事件激发网友的窥私欲，有关女孩从事"老鸨"等不正当职业的言论导致舆论反转。反对女性主义者认为，部分女性提出的要求是对自身的贬低和弱化。

（一）性别话语的抗争

女性主义从谋求在政治、经济等领域废除女性与男性的不平等地位、反抗男权社会对女性压迫开始，其边界和内涵不断得到拓展，进而延展到哲学和文化领域。经济水平的提高和新媒体平台的搭建使女性的自我意识觉醒程度提升，女性逐渐成为网络舆论的重要主体之一。2018 年，女性维权运动"me too"在微博上兴起，许多女性 KOL（意见领袖）和网友在评论和转发中曝光类似经历。微博成为中国女性发声的主流平台和阵地。

因为长久以来被父系社会压制，部分激进的女性主义者要求男性对女性无条件迁就，出现超出两性平等界限的诉求。男性乘客跳车需自己担责，女性乘客跳车就让司机入狱，因社会性别导致法律判罚结果不同激发了反对女性主义者的强烈讨论（见图 5.3）。

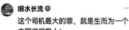

图5.3 反对女性主义者的言论

（二）女性视角下的身份焦虑与消除

女性的身份焦虑并非受单一因素影响所致，年龄焦虑、职场焦虑、家庭焦虑和身体焦虑等多重要素的杂糅与重叠在实质上促使其形成对自我的身份焦虑。在男性秩序依然有效运作的都市文明社会，女性如何重新寻找和定位自己的社会身份，是选择相信爱情走向婚姻，扮演贤妻良母、繁衍后代的角色，依照既有的男性社会秩序完成自身性别认知，还是坚持独立的性别身份，走向自由主义女性所追求的两性平等和公正，可以完全不依赖于男性而生存，已经成为普遍性的现代焦虑。

彼得·科斯洛夫斯基在其《后现代文化：技术发展的社会文化后果》中曾提出："妇女运动的内在同一性问题应当通过妇女运动内部的文化自我理解来解决，并通过与男性文化的对比来定位。"[1] 以"自我肯定"为基调的情感结构继承与延续了中年女性的传统社会地位，女性于反抗的过程中寻求与父权的协商，即在遵守社会规制的前提下对女性的个体价值予以肯定，重视与支持女性对自我目标的追求，使其从以往"被沉默"和"被忽视"的压抑语境中解放出来。因此，女性只有在努力求索、探寻真实的成长之路后，才能最终完成身份认同。

---

1 科斯洛夫斯基.后现代文化：技术发展的社会文化后果[M].毛怡红,译.北京：中央编译出版社,1999:90.

二、网络社会下的流动空间

（一）女性与流动空间

网约车不仅是物理意义上的空间，而且是社会学意义上的认同和交往空间，更是象征着权力和资本的文化空间。除了历史、文化传统这一股重要的塑造力量之外，当前女性群体还遭受到另一股力量的重要影响，那就是现代化、全球化和信息化，"流动空间"（flow space）这一概念就是对这一现实背景的总结。与"地方空间"相对的，是曼纽尔·卡斯泰尔在《信息化城市》中首次提出的"流动空间"，他如此描述："在当前这样一个全球化的信息时代，人们频繁地进行着线上线下的跨越时空的对话和交往。虚拟网络和移动通信的重要技术支持与生活方式，促使传统社区的地方性和社交性长期以来的结合方式被打破，虚拟社区不断地凝聚着相比现实更多的青年群体。同时，信息化程度越高的群体就越会走向身份认同的双重分裂：一方面，他是活在现实的、地方的、民族的；另一方面，他也是畅游于虚拟的、全球的、世界主义的。"

20世纪七八十年代以来，女性主义从揭示男女两性在社会物质上的不平等，转而向更多关注语言、象征、再现、主体性和认同等文化问题发展。在地方的界定上也超出了单纯的空间距离、自然形貌等尺度，而引入了文化再现等内涵。所谓地方，不仅是地理的，有具体的空间范围的，同时也是文化构造的，是意义、象征、再现等一系列文化运作的结果。

（二）流动的消费空间

持续性地对空间进行利用和改造是资本实现生存与增值的重要手段。继具象和虚拟的消费空间之后，以网约车为代表的新型弹性出行消费空间以重塑市场结构为手段，通过对传统行业、政府机构、消费者与合作者施加正负面兼具的影响，使城市空间关系在互联网的背景下完成了一次覆盖微观日常生活和宏观制度环境的嬗变。突破行业垄断及政府管制，资本在满足公众日常生活需求的过程中挖掘出新的生长点，并基于互联网信息技术，创造出对传统行业具有替代性、对政府机构具有挑战性、对消费者具有高效性和对合作者具有效益性的新型弹性出行服务。相较具象消费空间依附于实体场所的情境刺激，以及虚拟消费空间构建于电商平台的感官诱惑，新型弹性出行消费空间立足于具有准公共性质的功能性消费，是尚未被符号完全征服、操控的消费空间。与前两者相同，新型弹性消费空间亦是经济发展、技术进步和消费观念变化耦合的产物，资本的推动冲击了政治、经济和社会的原有秩序，从而给城市治理带来持久的变革性影响。

在该事件后，货拉拉在经历了一段时间的风平浪静后，于2022年1月20日上午，因上涨会员费、诱导恶性低价竞争、超限超载非法运输等问题，被交通运输新业态协同监管部际联席会议办公室进行约谈。不同于草木皆兵的网约车领域，同城货运市场监管相对宽松，这也让货拉拉这头独角兽找到了不少灰色地带。首先，货拉拉的司机并不是其公司员工，甚至连兼职都谈不上。货拉拉司机通过交纳会费来使用货拉拉平台接单，不同的会员费对应不同的平台服务，这也是货拉拉主要的营收来源之一。其次，货拉拉在安全性上一直存在较大的问题，在货拉拉女子跳车事件中，正是因为货拉拉平台方未要求司机强制安装相关的录音与监控设备，导致后续的真相还原格外艰难，很多细节只能靠推理。最后，货拉拉会为司机提供车贴，并要求司机拍照打卡，货拉拉将随机抽查，如果司机未能完成，就会遭到货拉拉平台的扣款，但这一行为并不符合《中华人民共和国道路交通安全法》相关规定。因此，货拉拉不仅违反了相关法律规定，也并未保护好所属平台司机的利益。2021年2月24日，货拉拉就女子跳车身亡事件道歉，透露已于2021年2月23日下午取得家属的谅解，将与家属一起妥善处置善后事宜，并公布了接下来的整改举措。

三、事件中的杠精身影

（一）"志"在参与

杠精的身影无处不在。他们在不同的社会议题下活跃，表达欲望比较强烈，所以常有人戏谑："怎么哪儿都有你？"杠精们始终以一成不变的观点和主导、统治的心态看待芸芸众生，自认是主体，坚信自己的看法是正确的，他人都是客体，即被审查、被考量的对象。究其实质，杠精行为是自我意识过剩的表现，杠精在言论输出的过程中享受那种自己凌驾于人的感觉，并非为了求同存异，而是想宣泄自我情绪，强迫别人接受自己的观点，哪怕言论过激也要满足自尊心。对于杠精群体而言，他们大量运用互联网和多媒体技术，熟练地运用数字化时代信息传播过程中常见的声音、图像、文字等多种载体，通过网络建立自己的沟通圈，增进信息接收者的参与和互动，扩大传播范围并提升传达效果，甚至会故意在社会热点话题中制造舆论，以展现他们参与公共事务讨论的精神。

（二）反抗与批判

网络杠文化可谓是反权威倾向和个人权利意识的集中体现，其本质是主流文化与亚文化之间的矛盾，是话语权归属过程中的矛盾。权利意识的兴起，使得在信息传播过程中出现了一些始终坚持己见的人，他们即便面对高压的意见气候，也依然保持己见且不惧与主流意见发生分歧，甚至还有可能为体现标新立异而刻意表达不同于主流的观点以博人眼球。相比于"随波逐流"，这种"与众不同"似乎更能吸引具有反叛精神和标新立异想法的青年群体，引发他们的效仿和跟随。互联网恰好为这种反对传统权威、追求个人权利的需求提供了广阔和便利的环境，信息发布与传播不再是官方机构和社会精英的专利和垄断，普通人也可以拥有表达自己的权利。

"真理越辩越明"一直是中国文化的重要组成部分，从先秦的百家争鸣到近代对"民主""科学"的大讨论，我们都可以看到人们追求真理时的孜孜不倦。抬杠在其起始阶段就是辩论，但随着辩论者开始将个人情感尤其是对社会的不满夹杂其中，抬杠的目的逐渐偏离了探索真理，而成为攻击他人、彰显自己重要性的手段，对话的语言从科学与逻辑转变成情绪与道德，对话的目的也从明晰道理转为战胜别人，辩者自然也就成了杠精。从个体心理来看，人类的好斗性是一种真正的无意识的本能，它会带给人们特殊的快感与成就感。在社会转型加速，社会竞争越发激烈的背景下，人们正处于巨大的生活工作压力之中，负面情绪难以发泄、缺乏释放渠道，为了补偿主体性的不足，他们试图在网络上彰显自身价值。2021年9月4日，《三联生活周刊》发布文章《"货拉拉跳车事件"后续：在舆论漩涡中》称，司机的妻子曾说她把家庭困顿的情况也发布在微博上，关注量最多的一条微博有4万点赞和1万多转发，也上了热搜。但有一条评论她记得非常清楚："那个人骂我，没钱为什么还生两个孩子？"眼下，许多杠精在网络上努力打造自己"敢于发言""有真知灼见"和"见多识广"的人设，通过发表一些与众不同的观点来达到这个目的，博取关注，但这种非理智情绪占主导的言论，有时候甚至不堪入目，不仅破坏了网络舆论空间环境，也助推了网络暴力的发展。因此，首先应当加强网络平台的法治实践，明确网络用户和网络平台的责任划分，在保障公民言论自由的《宪法》原则之下，合理划定权利边界，对严重侵犯他人隐私权、名誉权等人格权的行为追究相应民事、行政及刑事责任；同时要特别明晰社会、学校、家庭、社区等各方面的教育责任，提升网民的素质和道德修养，全面推进网络文明建设。

第六章 以"杠"为名：青年人话语抗争

第一节 杠文化的正面解读

一、技术赋权：年轻话语输出口

（一）技术进步，话语权提升

人们常说，网络环境会夸大受众的话语权。话语权是指，为了表达自己的想法和进行言语交际而有机会发言的权利，尤其指对社会现象和国家政策发表意见的权利，它是表达权的一部分。

一方面，技术进步为抬杠提供了空间和前提。随着互联网的普及、网速的提升和互联网技术的进步，新媒体的出现使得双向互动成为可能，普通大众的话语权提升。网络社交平台不仅提供隐秘空间，还开放了以论坛为代表的网络公共空间，让人们可以前所未有地放大自己的声音。这就创造了一个"麦克风"的社会环境，只要有电子设备，每个人都可以在社交平台上发表自己的看法、回答或者回应评论。

另一方面，"守门人"模式失败，这种模式允许抬杠者毫无畏惧地攻击他人。在匿名的网络环境中，技术的进步解放了人们的自由天性，网民享受着言论自由，却忽视了自由的界限。把关人缺失推动形成了没有限制地讨论这一新的传播模式，促使一部分人打破理性枷锁，导致抬杠行为的发生。

这种群体交流方式会带来不同的结果，抬杠带来的无效信息积累形成巨大的信息垃圾场。但是，换句话说，网络技术进步推动了在线表达观点，越来越多的网络不同意见通过抬杠的方式得以表达。

（二）匿名外衣，交流阻碍少

根据亚伯拉罕·马斯洛的需求层次理论，人的需求从低到高分为生理需求、安全需求、社交需求、尊重需求和自我实现需求。人们对安全的需求仅次于对生理的需求，事实上，在网络匿名性的环境中发表一些匪夷所思的评论，不失为一种保护隐私、不危及自身安全的好方法。

平等是现实讨论中最主要的原则，讨论双方地位不对等会使互相交流变成单向传递。网络社交平台的匿名性特征则可以使人们捏造新身份，给网民一个相对平等的交往环境，满足人们被尊重的需求。网络成员不会因为现实中个人因素而使自身交往行为受到影响，一个人的外貌、社会地位、财富状况都无法直接暴露在社交平台上，因此生活窘迫与不理想的一面在网络新身份出现之后将被隐藏。这在最大限度上吸纳了网友的加入，激发了广大网友的创作热情，使得杠文化从名不见经传一下子凸显出来，进而使所有网友都参与其中。

除安全需求外，人们承受着巨大的生活压力，经常会产生一些消极的情绪需要宣泄，而现实中的宣泄代价过大，匿名的网络社交平台为其提供了一个重要的通道，因此很多抬杠行为便产生了。抬杠言论的输出，隐藏在名利外衣之下，消除了许多阻碍，并由此衍生出更多更大的抬杠行为。

（三）社会争议，对抗性表达

中国文化是一种典型的高语境文化，汉语也属于高语境语言。所谓"高语境"是指，在传递讯息时，绝大多数讯息都处于物质语境中，编码清晰的被传递讯息很少。用汉语交际时，对信息的编码与解码更多地依赖于整个交际语境，因而在交际语境弱化的网络环境下进行社交时，易出现编码解码错误。网络信息在编码解码时出现了偏差，导致网络社会障碍的产生。当这种障碍被强制突破时，就会形成对抗性表达，从而催化异质意见的产生。

在网络传播环境中，信息传播的空间和时间对每个网络使用者都是平等的，理论上个人表达的意见可以被有效传递给网络中的每一个人。一方面，听取抬杠者的意见，并有效地参与讨论，能增强他们的异质意见。但另一方面，网络社交以文字传播为主，网络中的文字传播具有明显的滞后性，这使得杠精在表达观点或反驳他人观点之前能够思考足够长的时间，他们不必担心自己的文字内容会被他人反驳，即使被反驳，他们也可以有选择地使用，这在一定程度上消除了表达不同观点和意见时内心产生的心理压力。

杠精群体更多地聚焦更开放和能够提供更多元主观解释的问题上，而较少出现在是非观念明确或关乎意识形态的严重问题上。打破沉默、表达对抗性话语的条件之一是公众发现媒介意见的荒谬性。媒体的观点并不总是正确的，特别是在社会转型时期，有争议的问题越来越普遍，在互联网环境中，有关这些争议性议题的公开讨论的内容和形式越来越丰富。随着讨论的进展，参与讨论的公众对议题本身的内容不太感兴趣，他们更感兴趣的是讨论的形式或能否在辩论中占据主导地位。

二、杠文化的正面意义

（一）以亚文化之形，构建多元文化

目前，杠文化已经形成了不同于主流文化的亚文化。这些亚文化的精神内涵可以在一定程度上阻碍主流文化的发展，也可以在一定程度上弥补主流文化的不足，与社会主流文化共同构成多元的互联网文化。

顾名思义，主流文化是整个文化中的主导文化，对社会大多数成员的价值取向、思维方式和行为方式具有决定性或重大影响。亚文化是那些尚未通过程式化的方式挑战正统或主流文化以建立集体认同而成为主流的文化。"亚文化可以是特

定时期、特定地区的特定现象。亚文化具有天然的叛逆性和抵抗性，它与主流文化的严肃性相矛盾，是一种边缘化的文化现象。"特别是很多网民尚处在青春期，这个时期是一个人好胜心、表现欲望最强的时候，也是最叛逆的时候，这促使他们在网络上发表抬杠言论。网络杠文化反映了主流文化与亚文化、传统权威与反叛青年、社会阶级固化与青年身份认同追求的矛盾，是话语权归属的矛盾。

从知乎社区到新浪微博，都不乏抬杠者，他们标新立异，抬杠主流观点，批判新生事物，打破各领域的界限，打破回音室，疏导情感，塑造个性鲜明的风格。他们通过不断抬杠来争取自己说话的权利，并使用这种表达方式，在网络时代创新表达方式。草根通过抬杠提请社会关注，有时他们的声音刺耳，但正是这种杂音折射了我国隐藏的社会矛盾；有时他们的声音无知，但正是这种无知反映了教育引导的缺乏；有时我们对这些嘈杂的声音感到厌倦，但这却是我们的公民在大声疾呼。

在互联网背景下，高喊"抬杠"口号，体现了反抗和反叛的精神，理应是有益的。作为一种亚文化，杠文化鼓励普通公民不断攻击精英阶层的话语主导权。这些不同的声音为我们的网络文化增添了新的内涵，使我们的网络文化不仅成为严肃和权威的象征，而且营造了"百家争鸣"的场景，丰富了我们的文化传播方式。因此，只有出现更多的杠文化、吐槽文化，才能让更多的声音受到重视，才能让网络文化繁荣兴盛，才能创造更健康的网络环境。

（二）释放大众情绪，拯救自我存在

目前，越来越多的虚拟网络社交平台已经融入我们的日常生活，成为人们寻找自身存在感的重要媒介。

存在感是心理健康的重要标志之一，一般情况下有较强存在感的人更积极，社会交往能力更强，做事更富有热情，愿意为社会尽自己的一份力量。而那些对自我产生怀疑意识的人，认为自己所做的任何事情都不会对他人和社会产生重大影响。同时，如果没有存在感，就会产生无意义感，从而导致价值观的缺失。从这

个角度来看，杠精的出现，是人们保存存在感的一种方式。网络时代匿名性这一天然保护机制，为人们提供了更多提升存在感的空间，人们为了及时有效地获得他人对自我存在感的反馈，进行了极致的表达。

网络社交平台，实际上提供了一条发泄情绪的渠道。网络社交平台是狂欢者的最佳场所，他们常常伪装成不怕被认出的样子，在平台上输出观点和言论，看到不顺心意的帖子就是一顿抬杠，这是一场"精神狂欢节"的前奏。在米哈伊尔·巴赫金看来，狂欢是一种感受世界的方式，在一种特殊的狂欢氛围中，等级被颠覆，人与人之间形成了一种新的平等关系。狂欢打破了旧的秩序，让人们在新的关系中释放自己，释放自己的负担，创造一个新世界。

从个人角度来看，讨论者通过社交平台宣泄情绪，缓解情绪和压力，缓解现实世界的挫折，并对个人的心理发展产生调节作用。渐渐地，全民式狂欢下的杠文化，在全国引发轩然大波。近年来，《圆桌派》《奇葩说》等热播网络谈话类节目吸引了不同年龄层、不同职业的人共同参与，讨论过程丰富多彩，在一定程度上实现了预期的平等交流，集体的参与意识和娱乐效果成为社会普遍情绪的"减压阀"，适度的狂欢使社会更加稳定和包容。

（三）理性抬杠心理，反对单一意见

理性的杠精具有强烈的逆反精神，他们在网络上的对抗性表达是对"制造同意"的反击。"制造同意"指的是，在某些专制国家中，独裁者运用说服等非暴力手段使臣民认同并服从自己的所有决定。网络中也不乏类似的"制造同意"，如意见领袖发表的观点，无论对错，都会有一大批粉丝力挺。在网络上，以此为目的，坚持自己的观点，与"公意"对抗，并有一套合理的论证逻辑来为自己辩护，这是理性杠精在反击"制造同意"。同时，理性杠精的存在也使得"反沉默螺旋"现象更容易出现，公众对少数派的正确观点进行理性思考后，意见气候就会出现反转，少数派就会"反旋而上"，形成"反沉默螺旋式上升"现象。

第二节 《圆桌派》：以"杠"为名的社会议题共建

一、参与与交锋：议题设置的介入

《圆桌派》的"派"字实际上是数学符号"π"。节目的每一集都体现了很强的语言表达能力和逻辑思维能力，每一集都有很深刻、很有思想的立论，每一集都至少邀请一位相关专业领域人士进行点评，不仅引经据典，还会结合具体时代语境。因为《圆桌派》是一个论辩型谈话节目，"论"是目的，"辩"是具体实施的方式，每一个参与其中的角色都有说话的权利，每一个嘉宾都在争抢这种话语权。这场激烈的冲突，点燃了思想的火花。

在一场关于特定议题的辩论中，必然会有冲突，每个人都试图以不同的方式看待事物。制造话语冲突的《圆桌派》节目会根据每一集的选题，邀请来自不同领域的专家及多位常驻嘉宾共同探讨，每个与会者都代表不同的群体发言。即使你并不属于某个特定的利益群体，你也需要设身处地为不同的利益群体考虑，在专业领域向嘉宾提问，并与对方进行辩论。在《圆桌派》这样的论辩型谈话节目中，你最不用担心的就是对抗和冲突。相反，节目需要这些通过具有激发性的话题具备一定的深度和广度，这样才更有观赏效果。

《圆桌派》作为网络脱口秀节目，其主题涵盖社会、文化、娱乐、情感四类。《圆桌派》在选题上与其他节目有所不同，不仅节目的工作人员可以参与选题，观众还可以在网上投票，网红、相亲、出轨、裸贷和人工智能等话题都是通过节目评论来选择的。作为社会中的普通人，他们可能不完全理解这些问题，或者对这些问题有一些偏见。通过将这些主题纳入节目，可以听到不同领域的不同人士对同一事件或社会现象的不同看法。第一季播出时，它拥有近5万条弹幕，观众反响热烈。由此可见，当前社会热点的话题能够得到更多观众的关注。

通过对《圆桌派》四季的节目进行内容梳理，笔者发现，社会热点话题是占比最多的，仅第四季29期节目中就包括"高配""打工""情绪""熟人""睡梦""拖延""独居"等13个社会话题。这类话题不仅符合当下社会热点，拉近了与受众的距离，引起了他们的关注，更使得这些问题被大众深入思考，具有传播意义。例如以"打工"为话题讨论的这一期，嘉宾谈论为何当今不少企业会盛行"996"的工作模式，节目中嘉宾谈论到的因素包括行业因素、大环境的竞争、企业制度、交通通勤时间等。

二、举火为号：趋正的观点表达与语言特色

主持人窦文涛善于从观众的角度提出观众感兴趣的社会问题，但他的语言风格总是尖锐的、切中要害的、毫不留情的，这就是从《锵锵三人行》中延续下来的窦式语言风格。过分尖锐的语言风格可能会使人心理上感到不舒服，但窦文涛的风趣幽默恰巧中和了这种尖锐性。他的语言有趣，夹杂江湖侠气的味道，总采用开玩笑的方式说出自己的想法。他努力用一种更贴近观众生活、更容易被观众接受的语言内容来表达态度。

在第一季的其中一期节目中，窦文涛曾被网友问道："《圆桌派》节目一开始为什么回回点香？这只是故作风雅吗？"他幽默地回答说："那是举火为号。"一股侠义气息由此在他身上显现，也许正是因为这种世界上罕见的侠义气息，窦文涛才得以与马未都和梁文道围坐在一起，高谈阔论。

1.调侃嘉宾，刺激互动

在话题讨论过程中，当嘉宾谈论社会问题或热点话题时，窦文涛善于介入话题并插话，与嘉宾进行有趣的交流，不仅提高了谈话的轻松度，减少了话题的沉闷性，还能给予嘉宾语言上的刺激，达到相互激励的目的。下面是一段窦文涛对马未都的调侃：

马：中国的诚信问题是个大事，社会主义核心价值观里头叫作爱国、敬业、诚信、友善，诚信可是社会主义核心价值观里头的。

窦：社会主义核心价值观可一大堆词呢，你都记得住吗？

马：这当然记得住，这有什么记不住的。

窦：你给我来。

马：我们北京每隔 500 米就有社会主义核心价值观，你到大街上看看去。

窦：你给我来来，你敢吗？

马：国家层面就是富强的、民主的、文明的、和谐的，社会层面就是自由的、平等的、公正的、法治的，个人层面就是爱国的、敬业的、友善的、和谐的、诚信的。

窦：哈哈哈哈……

马：当然了，这还用背吗？

窦：这春晚的主持人应该是他呀！

马未都在《圆桌派》中指出，商家用所谓天价商品欺诈消费者乃是群体事件，在总结商业欺诈行为后，马未都大谈中国社会缺失诚信的大问题，认为国家倡导的社会主义核心价值观没有得到真正回应。当马未都的谈论回到社会主义核心价值观时，窦文涛三句话逗弄，要求嘉宾背诵社会主义核心价值观的全部内容。这种诙谐幽默的语言，看似与嘉宾的话语、话题无关，但在深度对话的背后，可以轻松愉快地让观众接受嘉宾的意见。同时，窦文涛的俏皮话可以引导嘉宾说出重要信息，促使嘉宾补充完成一段话。

2.引用修辞，批判表达

引用是指在语言或文字中使用现成的语言，如诗句、格言和成语，在具体情境中表达自己的思想和感情。在谈话节目中，演讲者可以结合不同的语境，使用引用这一修辞手法来表达自己的观点，在表达自己观点的同时，增强对话的感染力和说服力。窦文涛的节目强调的是观点的深度和话语的重点，所以引文是必要的，窦文涛就经常引用名人话语或诗句来证明自己的观点。例如，在某一期中，窦文涛解释了以下观点：

窦：现在跟年轻人聊天，发现他们都不爱看书，说看书是最好的催眠。我是怎么做的呢？等飞机延误的时间刚好用来看书，就像苏东坡说的："莫听穿林打叶声，何妨吟啸且徐行。竹杖芒鞋轻胜马，谁怕？一蓑烟雨任平生。"我和文道，我们有从书里得到乐趣的一种能力、一种爱好。但那个小孩就跟我讲，他说我们从小晚上做功课，做到十二点了，连电视都看不成，他看见书就烦。我记得我们是临近高考两个星期才真用功……王阳明也碰到过这种矛盾：一方面他说人首先要修养自己，要读圣贤书、修身养性，这是一条路；但是另一方面，没有科举就没有晋升之阶。这个矛盾他也跟他的子侄辈在说：不要因为科举荒废了修养圣贤之道；但是你不好好复习功课，把心思放到看闲书上，你考不上怎么办呢？

窦文涛向嘉宾介绍了高考，以及很多年轻人没有时间阅读甚至不喜欢阅读的普遍现象。所以在这段发言中，窦文涛说自己把读书当成一种习惯。在谈到在机场等飞机并阅读时的心情时，他引用了苏东坡的《定风波》，将词句体现出的诗情画意投射到自己的阅读场景中。在与年轻人的互动中，窦文涛发现阅读和考试是排他的，于是他讲述了自己对高考的记忆。接着，又通过引用王阳明的观点，充分说明了修养自身是一项重要工程，是一个人思想进步的根本，高考和读书并没有本质的矛盾。窦文涛引用古人的智慧来证明自己的观点，使论述一致，并将话语意义提升到更高一层。

3.化大为小，增加细节

又例如，《圆桌派》中，嘉宾蒋方舟对自己所认为的渣男做了解释，阐释和拓宽了渣男不是品质渣，而是行为渣的观点。窦文涛结合自己生活中的真实经历，引入了朋友的心得体会，表达了对嘉宾意见的认同，更准确地诠释了嘉宾主导的观点。

蒋：他被一个很执着的念头困扰：你就是欠我一个解释，这不公平。我觉得这就很危险了，赶紧拉黑了他，让他联系不到我。

窦：你说的这个让我想起来我认识的一个女主持人，她有一次去新加坡就碰见了这么一个商人。这个商人可能喜欢上她了，就执着不停地找她……

4.打断回答，提出见解

同样在《圆桌派》中，嘉宾蒋方舟也回答了"什么是渣男"的问题。她在谈到渣男时，举了金庸小说中的人物，在当前对话尚未结束的情况下，窦文涛打断了嘉宾的发言，继而发表自己的看法。

蒋:我觉得其实渣男有两种，一种是由内心软弱所导致的渣……像张无忌也是……（被打断）

窦:张无忌?你是说金庸小说里那个?

蒋:对，他不好意思去拒绝。

嘉宾蒋方舟在表达关于某类渣男的观点时，认为其质是执着的，不属于渣男的范畴。在其谈话未结束时，窦文涛表达了其对渣男概念认知的不一致，因此打断了对话，以统一对话题概念的理解。

蒋:但是我恰恰觉得，他不是普通意义上的渣，他其实是很执着的一个人……（被打断）

窦:你看咱俩的观点就不一样，你看我听他们讲渣男，在我脑子里的反应，渣男是像陈世峰这类人。

三、话题制造：社会共鸣涟漪延展

《圆桌派》节目的一大特色是呈现出新视角、呈现出不同的看法，这也是它的独特魅力所在。虽然每期节目都围绕着某一主题展开交流，但是主持人和嘉宾之间的观点有时并不一致，甚至会产生激烈的冲突和观点交锋。观点表达的多元化有助于启发受众对主题内容的思考，同时也能彰显节目个性，提升节目影响力。比如在第二季第十九期节目中，在谈到"作女"的话题时，主持人和嘉宾对"作"的理解有不同的认识和看法：嘉宾马未都认为"作"是理由不足以折磨自己折磨别人；窦文涛认为"作"是爱折腾、不安分。这种意见的矛盾和冲突层层推进节目内容，在你一言我一语的闲聊和对话中，让受众感受到了观点的多样性，也启发了对观点的进一步思考。

具体而言，数据显示，《圆桌派》第二季的网络播放量超过 1 亿，是所有网络文化节目中播放量最高的，弹幕超过 6 万条。大量观众通过微信、微博参与互动，已经成为该节目的重要组成部分，它体现了观众对内容的即时反馈，尤其是弹幕评论，它实现了观众与节目内容的实时互动和沟通。例如，在《圆桌派》第三季第二十三期，讨论了工作中的心理伤害问题。当嘉宾谈到空姐、客服等职业所面临的心理工伤时，弹幕会立即出现"教师心理工伤很严重""医生心理工伤太严重"等字幕内容，这种即时的观点表达增强了观众与节目的共鸣，他们通过弹幕等渠道形成了对节目内容的强烈情感联系和依赖。这种交互式的传播方式不仅拓展了节目的内容，还进一步提高了观众对节目的参与感。

独特的话题视角是《圆桌派》在众多网络脱口秀节目中脱颖而出的重要原因。轻松自然的谈话模式、互动交流模式、广泛的话题点、多样的表达等，都丰富了节目的内容和形式，突出了节目的个性，增强了节目的影响力，为当前杠文化的发展提供了某种助推作用。

第三节　《奇葩说》：打造网络青春杠文化

《奇葩说》是 2014 年由爱奇艺出品、米未制作的融入辩论元素的中国首档说话达人秀，节目由马东主持，并邀请了蔡康永等担任导师，旨在寻找华人华语世界中"最会说话的人"。其节目形式为，辩论选手自主挑选辩题，在节目规定的时间内准备好立论、开杠、结辩等环节的辩论稿。在正式比赛开始时，确定正反方开场顺序后，两人依次立论。如：正方一辩发言，结束后由反方一辩发言，每人发言时间为 3 分钟；双方发言完毕进入开杠环节，每方 1 分钟时间；最后环节为结辩陈词，每方有 30 秒时间进行总结；最终由现场观众进行投票表决，决定胜负。

作为一款现象级网络综艺节目，《奇葩说》的话题总是能在网上引起巨大反响，因为节目组会通过各种平台收集网民所关心的话题，只有网友积极参与的题目，才能进入节目选题。同时，该节目由多位实力惊人的辩手进行精彩演绎，在规定时间完成立论、开杠、结辩等环节，过程紧凑、刺激，十分符合当代青年的需求。这些话题在节目结束以后，还会在网上引发讨论，一部分网民热衷提出新的看法，甚至模仿、分享他们的视频。这种模仿是全方位的，包含了辩手们的语言技巧。[1]

在第一季播出时，《奇葩说》便获得了 9.1 分的豆瓣评分，获得了微博、知乎等各大平台千万次的讨论和点击。作为全面展示杠文化的娱乐节目，《奇葩说》在人物符号、语言符号、辩题符号、视听符号及互联网传播营销方面都促进了杠文化的正面表达与广泛传播。

一、人物符号的杠文化表达

人物符号作为节目中必不可少的关键要素，在表达节目主旨与内涵上起着极大的作用。《奇葩说》在节目主持人、节目导师及节目辩论选手的选择上，都凸显"杠"的特色，选取各个领域中有杰出成就，且思想批判性强和观点犀利的人，通过人物的"杠"表现节目的"杠"特色。

（一）爱挖坑的主持人

主持人是脱口秀节目最核心的元素：一方面，颇具个人魅力的主持人及其粉丝群体能为节目带来巨大的影响力；另一方面，主持人的能力及其对节目内容的深刻理解，往往能更直接地展示出节目所要表达的内容。在《奇葩说》中，主持人马东便是如此，他先后主持过湖南卫视《有话好说》、中央电视台《挑战主持人》《汉字英雄》等节目，积累了较大的粉丝群体。当然，最为重要的还是他的语言犀利、幽

---

1 陈衍森. 对抗、质疑还是宣泄 [D]. 开封：河南大学，2020.

默。《广播电视概论》一书中说："虽然节目主持人与演员都是媒介人物，但节目主持人不是演员，或者说他们进行的是一种非角色的表演。"换言之，主持人在节目中扮演的不是某一个角色，而是展现出符合节目特质的"自己"，把自己融入节目氛围中，也引领着观众身临其境。[1]马东自身犀利的风格和《奇葩说》的节目定位深度融合，二者一同展现出对"杠"的深刻诠释。其最有特色和最著名的是对传统广告形式的"杠"。当下，传统普通的广告形式受到大众的排斥，尤其是在各大节目中间穿插的广告更容易让观众失去等待的耐心，由此也衍生出许多吐槽和杠，有不少观众通过改变广告口号的形式或者以反面的话语杠广告内容。在此背景下，马东创新性地利用口播形式，直接、重复地说出广告语。例如：马东称有范APP为"有钱有势不如有范儿的APP"；在说到挖鼻孔的话题时，马东说"我觉得这个MM豆的大小颗粒，刚好可以用来堵上"；在说到买房时，马东说"我给大家推荐海量真房源的贝壳找房APP……"由此吸引观众的注意力，同时也完成了广告的植入。其"口播广告"的方式可以看作对当下传统广告形式的一种"杠"，用口播形式将广大观众内心的不满直接表达出来。马东同时也与广告主杠，有时直接称广告主为"金主爸爸"，还时不时要求广告主增加广告费。这种花式杠法，更容易让消费者买单，也在无形中增强了其个人和节目本身的特色。

　　除此之外，马东在节目中，还有一个"非常爱给人挖坑"的形象，常常抓住嘉宾或者导师的言语漏洞不放，一杠到底。例如在2020年1月9日这一期节目中，马东邀请主持人吴昕作为嘉宾。关于吴昕，当时最为著名的事件是将他人送的礼物转手放到二手APP上卖掉，吴昕由此也数次登上了微博热搜。在介绍嘉宾吴昕时，马东说起"她特别会传递自己的爱心，比如你送给她的礼物，她会用另外的方式把她的爱心传递下去，比如卖了呀或者是……"马东对吴昕此举的正面杠和所谓的搞事情，惹得全场啼笑皆非，《奇葩说》也由此出圈。

　　马东的犀利与其"杠精"形象，是对《奇葩说》节目主题的深刻阐释，同时也

1　谭筠鹏.从马东看传播美学时代的节目主持艺术：以《奇葩说》为例[J].新疆艺术（汉文），2021(4): 108-111.

展现出杠文化的正面性，是一种创新和互动表达。

（二）寻觅用独特方法开怼的选手

《奇葩说》的选手可谓来自五湖四海、各行各业，有高智商学霸、孕妈、歌手、女团成员、教授……选手都极具特色，个人性格极为鲜明，但他们最大的共同特点，无疑是"杠"。在辩论中，选手会对对方的辩题展开全面的反击。在辩论结束后，选手之间也会就刚才的表现甚至选手在舞台背后的一些表现展开互怼。更值得一提的是，有些选手凭借自己独特的杠精方法，收获了一大拨粉丝。

例如，以"歇后语女皇"著称的选手冉高鸣，凭借在场内场外不断输出歇后语怼人金句，在小红书、微博等平台上深受好评。

> 老母鸡吃黄连——自讨苦吃。
>
> 老母猪卡栅栏——进退两难。
>
> 秋天的菊花——想开了。
>
> 问渠哪得清如许，渠说："你先管好你自己。"
>
> 癞蛤蟆吃牡丹——心里美啊。
>
> 蝙蝠身上绑鸡毛——你忘了自己是个什么鸟。

这些都是选手冉高鸣在辩论中说出的金句。在节目外，冉高鸣也发挥自己的优势与特长，频频输出金句。他在小红书特地创建账号，称自己为"民俗艺人"，针对网友在生活中遇到的奇葩事情和人，用歇后语教网友杠回去。例如，有网友提出："身边总有人拿腔作调怎么办？"冉高鸣是这样回杠的："发面馒头画眼影，你装什么小蛋糕。"诸如此类的短视频，冉高鸣已经发布了几十期，同时也推出很多夸人的歇后语，深受网友喜爱。

歇后语是劳动人民在长期的生产劳动实践中发现和总结形成的一种俏皮话，生动而形象，轻而易举地就能把事理说清楚、说深刻、说透彻。冉高鸣歇后语也是这样。他在传统优秀歇后语的基础上，不断挖掘其内涵，推陈出新，有趣味、有新意，又增加口语化特色，增强了语言的生动性和讽刺性。他用歇后语的方式，论证自己观点或直怼对方观点，既通俗易懂、朗朗上口，又将"杠"这一方式与中华民族特有的歇后语相结合，可谓青年亚文化与传统文化的一次碰撞与融合。

二、诡辩语言：寻找"最会说话"的人

作为辩论说话类的综艺节目，语言是《奇葩说》最大的特色。《奇葩说》的宗旨是"寻找最会说话的人"，因此，选手的语言都极具风格。其中最突显年轻人"杠"特色的，无疑是辩论中的诡辩语言风格。

诡辩是故意为其错误的主张所做的似是而非的论证，目的在于混淆视听、颠倒黑白，企图将真理说成谬误，或将谬误说成真理。这也是诡辩最本质的特点。诡辩者故意脱离论题，企图在不同的情况下做不同的解释，为自己的论点辩护。诡辩的这一种特征，与杠文化的内涵不谋而合。在《奇葩说》中，选手运用的诡辩方法，其实体现了对辩论话题的另类的思考。辩论观点有时并无对错，每个人的价值观在成长过程中都有相似和差异之处，当我们陷入某条思路，无论如何争执都无法认同彼此时，别出心裁的角度可以让"沦陷者"看见一丝光明。也许这个想法不符合传统世俗的价值标准，不在通用的框架体系之下，但也许它是一个契机和出口，让双方可以转换思维，让气氛由冷转热，让观众可以进一步思索。[1]

诡辩风格最突出的是参加过多季《奇葩说》的选手肖骁。在就辩题"父母提出要和老伙伴去养老院，我该支持还是反对"进行论述时，肖骁是这样运用诡辩论证自己反方的观点的："道理很简单，因为我要'报复她'！我小的时候，她怎么没有让我去追求我想要的生活？我小时候想学唱歌跳舞，我妈非让我学钢琴、五子棋、书法……"这一标新立异的观点，获得了全场的笑声，反讽与娱乐的结合，更是增添了节目效果。

1 吴婧雯.《奇葩说》系列节目中的辩论风格研究[J].视听，2020(1)：53-55.

（一）辩题符号的杠文化展示

辩题作为辩论中最主要的因素，全面、深刻地展现了杠文化。《奇葩说》的辩题选择，不是处于庙堂之高的抽象话题，而是非常接地气的生活话题，因此往往最能贴合大众的实际生活。接下来将以《奇葩说》第六季讨论度最高的辩题展开叙述。

美术馆着火了，一幅名画和一只猫，你救哪个？

傅首尔（反方一辩）

我要救猫，因为我不确定那幅画我是不是认识，但是猫我肯定都认识。我这个人呢，就是一个感情用事的人，跟谁熟我就救谁。

我是一个悲观的人，因为也很有可能逃不出去，所以我必须考虑的是临终体验。在生命的最后关头，你是抱着一只猫舒服，还是抱着画舒服？答案显而易见，猫的手感好。

这幅画对谁最有价值？它的作者，但画的作者大部分不在人间了。而这只猫对谁有价值？它的主人。我想把这只猫救出去，送还给他的主人。我为人类的文明出不了一份力，但是我可以为人类的爱出一份力，这是我觉得一个普通人在当时能做到的一件最有价值的事。

最后，我觉得艺术最终的目的就是传达作者的意图，那与其保护别人的作品，我为什么不让我自己救猫的这个行为传达生命与爱的意图呢？

詹青云（正方一辩）

这个题问的是你救什么，可是当我们实际选择的时候，我们选择的是，我能够割舍什么。当我选择割舍这只猫的时候，我割舍的是一个鲜活的生命。而当我选择割舍这幅画的时候，我在割舍一份责任。在20世纪30年代日本侵华战争期间，我们国家的故宫运出了最为珍贵的13000多箱文物。这个伟大的奇迹是怎么发生的？就是那一代故宫人，他们表示这些文物比人命更重要。你说，值得吗？值得。越是在丧乱之中，越是在灾难之中，我们越要记得，那是祖先遗留给我们的文化的符号，是它们在历史里、在战乱里，在一个民族艰难的时刻，在凝聚着我们。而此时此刻在这片火场里，它落在你的肩上。

艺术不是只对那个创造这件艺术品的人有价值，它属于那些一代一代，仰望凝视过、保护过它的人。当我们把艺术拉下神坛的那一天，所有构建的意义都消失不见了。那些在民间寻找遗失的珍宝的人，他们的努力；那些在海外想要把国宝带回家的人，他们付出的努力……所有这一切的意义都会削减。我是这个接力赛当中的一棒，我承担了落到我肩上的这份责任。

以上是正反方一辩就该论题的论述。可以看出，正反方选手都采取了晓之以理、动之以情的辩论方式。"救猫还是救画"这一论题，可以被引申至"艺术与生命的冲突"话题，这正是该层能指的意义，引发了网友的广泛讨论。在论述中，反方一辩傅首尔将"猫"上升为"生命"，强调生命的价值与重要性，偷换了概念，利用了观众对生命的恻隐之心；又对场景进行假设，设置临终体验这一场景，甚至假设画只对画的作者有意义，这些都属于无中生有。詹青云主要延伸了画的意义，放大了其对人类或一个民族的意义，利用大义去强迫听众选择，并用讲故事的方式，利用情怀打动听众，诉诸情感，消解了救猫的意义。[1]

《奇葩说》相较于其他辩论节目，增加了双方"开杠"这一特殊环节，这也是最能体现杠文化的环节。下面将就上面辩题的三轮开杠进行具体的讲述。

第一轮开杠

傅首尔：青云，你刚才说这幅画是世代传承，因为有很多人珍惜它，所以它更有价值；但是这只猫的主人只有一个。所以你在判断的时候，是以人数取胜的吗？

詹青云：其实是的，因为这个主人我可以找到他，我可以向他说抱歉，可是这幅画并不属于谁，它并不属于我们，甚至并不属于我们这一代人，我要说一句

---

1 陈衍森. 对抗、质疑还是宣泄 [D]. 开封：河南大学，2020.

抱歉都没有人可以说。

　　傅首尔：青云，我问你，如果这幅画是一幅壁画，你怎么办呢？

　　詹青云：首尔姐，你偷换辩题，这个辩题能成立就是这幅画能被救。如果这只猫到处乱窜，你根本抓不到它，你怎么办呢？

　　傅首尔：不，我刚才已经跟你假设这幅画是一幅壁画。这只猫也不会乱窜，它是一个雕塑，是门口的招财猫，我拿回家招财。

　　詹青云：可以，那咱们的价值是一致的，都是保护艺术嘛。但是它是一个雕塑的话可能太重了，你搬不动怎么办呢？

　　傅首尔：那我们就不讨论了。我只想说，救猫是我当时本能的反应，我当时想到的就是无论这幅画有什么价值，都无法超过生命在我心中的分量。

　　詹青云：这个问题，执中学长（黄执中，正方二辩）会回答你。

　　在第一轮开杠环节中，可以看到双方运用了偷换概念、挖陷阱等方式进行开杠。"壁画""猫抓不到""雕塑搬不动"等，都是辩者剑走偏锋提出的假设，在许多正式辩论场合不宜存在。但是《奇葩说》以年轻群体为主要受众，该方式能激起青年群体的杠精特质。

第二轮开杠

　　许吉如（反方）：遥远的哭声和近处的哭声，孰高孰低？

　　黄执中（正方）：取决于你自己，你对自己的认知提出怎样的期待？

　　许吉如：我期待自己不会因为一些莫名的优越感而对眼前的苦难视而不见。

　　黄执中：人确实有权期待自己成为只在乎自己家人生死，而对其他人漠不关心的人。

　　许吉如：但我和猫本来也素不相识，猫不能和家人类比。

　　黄执中：因为八大山人对你而言太遥远了。

　　许吉如：八大山人和猫各有价值，文化名作不具备因为看上去高级就凌驾于生命之上的特权。

黄执中：八大山人和猫的价值根本不能相提并论，你这么说就是没有认识到八大山人的价值。

许吉如：艺术的价值到底是什么？

黄执中：我期待我的认知可以高到理解并回答你这个问题。

第三轮开杠（导师之间）

薛兆丰（反方）：现在问的不是救不救，而是救哪个，而且救一个要以牺牲另一个为代价，你要牺牲猫的生命来救艺术品吗？

蔡康永（正方）：这个要经过衡量，陌生的猫的价值未必大过李诞的手稿。如果你在动物园，你救哪只动物的生命？

薛兆丰：哪个近救哪个。

蔡康永：蟑螂呢？

薛兆丰：动物园不展出蟑螂。

蔡康永：博物馆也不展出猫。

可以看出，不论是辩手之间的开杠，还是导师之间的开杠，都采用了直接回怼、偷换概念、追根究底、字斟句酌的方法，会针对对方话语中的任何一个字眼进行反驳，这恰好展现了杠精的本质。正如同该辩题在微博上引发的评论一样：请问博物馆为什么会出现猫？这也是抓住辩题的漏洞进行询问。

从辩题这一符号可以看出《奇葩说》节目的包容性，它允许任何一种话语、观点存在，让各种思想在辩论和开杠中进行交锋。正如同《奇葩说》辩手马薇薇所说："这个节目的最大意义，就是要让少数派和异见者发声，并且还有许许多多的主流价值观有待挑战与颠覆。能通过这样一个节目，让我们再一次认识到已渐渐被剥夺的话语权的重要性，已经是最大的成功了。"而这，正是杠文化的意义之一。作为青年亚文化的一种展示形式，杠文化通过对主流价值观的挑战、不同意见的提出，展现出青年的方方面面，也让更多的人有所发声、愿意发声。

三、沉浸体验：打造火热开杠battle场景

场景，泛指情景，如热火朝天的劳动场景。场景本来是影视用语，指戏剧、电影中的场面。现代动画场景指的是影视动画角色活动与表演的场合与环境。2014年，由罗伯特·斯考伯和谢尔·伊斯雷尔合著的《即将到来的场景时代：大数据、移动设备、社交媒体、传感器、定位系统如何改变商业和生活》首次将"场景"一词引入传播学领域，并提出了"场景五力"的概念。"场景五力"即大数据、移动设备、社交媒体、传感器和定位系统。场景传播实质上就是特定情境下的个性化传播和精准服务。[1]

《奇葩说》节目现场通过对场景的设置与打造，构建了一个以"杠"为主题的文化场景，极大地契合节目的宗旨，并给予观众沉浸式体验。

首先是节目的舞台设置上，《奇葩说》的舞台突破传统室内娱乐节目的设置，采用的是椭圆形舞台，面积较小，但在舞台背景上，运用十分鲜明的色彩搭配，视觉冲击力极强。此外，还会在背景板上呈现"You can you bibi""BB king"等字幕，展现节目直接、包容的风格。在选手的位置设定上，《奇葩说》也按传统辩论赛的位置安排，分左右两大阵营，呈现出一种天然的对立状态。但有所不同的是：传统辩论赛通常都是选手坐在桌子后面，在固定位置上发言；而《奇葩说》的选手可以在整个舞台上自由行走发言，并可以时不时地和观众进行互动，不论是自由度和互动性都更高。在舞台座位的划分上，《奇葩说》将辩论区与观众区鲜明地分开，也呈现出一种对立关系。这样，节目现场存在两组对抗关系——选手之间、选手与观众之间都可以随时进行辩题的辩论与探讨。

其次是在节目视听符号的运用上，除了上述"You can you bibi""BB king"等字幕，《奇葩说》在道具上也下足了功夫。主持人马东有一个经典的道具——木鱼。不论是在辩论开始前、开杠前，还是导师陈述观点、结辩等各环节，马东都会进行"敲击木鱼"这一行为，这让敲击木鱼的声音逐渐成为开辩、开杠的听觉符号。

1　梁旭艳.场景：一个传播学概念的界定——兼论与情境的比较[J].新闻界，2018(9)：55-62.

此外，在导师、选手和观众席上，都会有各式各样的手牌，如："放肆！""算你狠！""干得漂亮！"在辩论过程中，选手、观众和导师也会就场上的形式举起不同的手牌，以表明自己的态度。

《奇葩说》通过对舞台的设置与对视听符号的运用，展现出节目"杠"的态度，同时给予观众沉浸式体验，让观众也能够无时无刻不开杠。

《奇葩说》不仅通过选手选择、节目内容打造自己的"杠精"形象，也通过互联网传递自己的杠文化。

作为一档网络综艺，《奇葩说》选择在爱奇艺独家播出，爱奇艺也将每周四、周六的开屏广告和焦点图广告都留给该节目。同时《奇葩说》节目组在爱奇艺泡泡中发动粉丝参与话题，选手也会时不时地发送弹幕与粉丝进行互动。在每一期节目播出后，《奇葩说》都会在微博、知乎等各大社交媒体打造有关辩题、选手、辩论金句的话题讨论。如上述有关"是救画还是救猫"的辩题，在微博上的讨论达4.3万条，更有甚者就辩题及辩论内容进行全面的思维导图分析。《奇葩说》通过社会化的运营，吸引了大量的关注，更为重要的是，受众尤其是青年群体能够在话题中发表自己的观点和看法，也可以与他人进行辩论，节目的包容性和互联网的广泛性都为观众提供了更多的渠道和途径进行表达，让杠文化不断地传播。

第四节　杠文化下的自由表达

一、抬杠内容的自由性：打破回音室效应

杠文化作为青年亚文化的一种表现形式，人们在提到该词时往往联想到"挑错""挑毛病"等字眼。"抬杠"在诞生之时，其针对的往往是他人观点或言语上的错误，在不断地发展和传播中，"抬杠"的内容已经更加广泛。

庄子：你看河里那些摇头摆尾的鱼儿，真是悠游自在、快乐无比呀！
惠施：你不是鱼，你怎么知道鱼是快乐的呢？

庄子：你不是我，你怎么知道我不知道鱼的快乐？

惠施：我不是你，当然不知道你知不知道；你不是鱼，所以也不知道鱼的快乐。我说得没错吧！

庄子：请你回到谈话的开头——你问我怎么知道鱼是快乐的，你这么问，说明你已经承认我知道鱼的快乐，所以才会问我是怎么知道的。可见，你再说我不知道鱼的快乐，就违反了你的所谓逻辑。告诉你，我是在濠水岸边知道鱼是快乐的。

庄子和惠子的这段对话，可谓抬杠的源头。在该对话中，双方都存在"强词夺理"的情况，不过对话内容其实是围绕唯物主义和唯心主义的辩论。

再看图6.1央视网快看微博下的评论，该条微博原意是想通过科普，提醒人们要注意食用小龙虾时的事项，但是网友却通过以偏概全、诉诸无知等方式抬杠，衍生出过多的曲解内容。这是杠文化发展初期常会出现的现象。

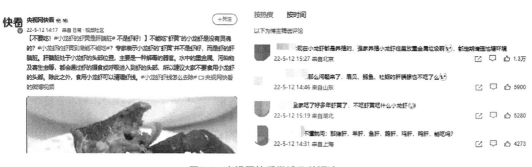

图6.1　央视网快看微博及其评论

罗振宇：脏话是人的情绪到了尽头。

马东：不是，人的情绪到了尽头是沉默。

马东：随着时间的流逝，我们终究会原谅那些曾经伤害过我们的人。

蔡康永：那不是原谅，那是算了。

这是《奇葩说》中导师之间的互怼，可以看出，其中蕴含着许多关于人生和交际的探讨。再如微博中许多有关女权男权的话题，许多"杠精"并不是通过以偏概全、无中生有的方式对他人观点进行趾高气扬的评论，而是对其逻辑的漏洞和观点的偏激进行批判，这能够极大地促进观点和文化交流，促进自由表达和多元价值的发展。

综上所述，我们可以发现，"杠"文化经过长久的发展，抬杠的内容更加丰富、更加自由，人们通过抬杠可以就争议话题展开全面而深刻的讨论，不仅加深了自己思想的深度，打破了回音室效应，同时也促进"杠"文化内涵的丰富。杠文化的丰富内涵，不仅满足了抬杠者本身的交际需求，其幽默、诙谐的特点也促进了双方情感的交流，并不仅仅用贬义去囊括其全部。因此，"杠"文化的内容和语言表达的自由，都有其正面性。

二、表现形式的自由性：全面看待与语言交流

不同的抬杠者有不同的抬杠表现形式，其表现形式主要分为以偏概全、无中生有、断章取义、诉诸无知、无理等类型。以偏概全指的是用片面的观点和个案来指代事物或者问题的全貌。例如，针对"成功的人都付出了很多努力"，杠精则表示"富二代一出生就是成功的"。无中生有指的是通过偷换概念、捏造等方式反驳对方的观点。例如，上述《奇葩说》辩题中提到的"壁画""雕塑"等都是无中生有的。断章取义指的是，不顾原意，孤立地截取对方观点中的一段来进行反驳。诉诸无知指的是，通过自己的经验判断和知识储备去理解对方的观点，并且难以结合对方的情况进行思考，从而展开反驳，这往往与人们认知基模中的刻板印象相关。无理指的是诡辩等类型的反驳，往往是为了反驳而进行反驳。抬杠的多种表现形式并非全都在贬义情境下产生，很多抬杠行为往往能够推动双方就争论问题进行思考。随着杠文化的传播，抬杠也衍生出许多新的表现形式，人们不再以片面的角度去看待问题，而是能够在全面考虑问题的基础上对不同观点展开叙述。

杠文化不仅有许多抬杠行为的表现形式，同时也发展出许多围绕"杠精"一词的表现形式。如我们在社交平台上经常能够看到的"最强杠精""杠精粉""高阶杠精"等新的词组，极大地丰富了语言的表达形式和趣味性，也能够促进不同语

言之间的互动和交流。

随着杠文化在全球的广泛传播，国外对"杠精"的翻译也层出不穷，有把"杠精"译为"hater"的，也有译为"eristic"的，还有译为"troll""contrarian"的。这种语言间的比较增加了汉语和外语的互动，在促进汉语言自身的发展的同时，也促进了汉语的传播和走向世界的进程，或许在不久的将来，会出现英文单词"gangjing"。[1]

三、传播途径的自由性：多元渠道与双向互动

在社会的飞速发展中，互联网的发展、传播渠道的拓宽让人们能够更加自由地表达自己的想法和观点，这也被认为是个体解放、社会包容的文明标志。从传播途径来看，抬杠行为正是互联网下社交媒体广泛传播的产物，杠文化包容自由的特性也使其可以在各大社交平台上得以传播。

社交平台是人们彼此之间用来分享意见、见解、经验和观点的工具和平台，现阶段主要包括微博、微信、博客、论坛、播客等。当下杠文化的传播途径可以分为熟人网络社交平台、陌生人网络社交平台两类。

熟人网络社交平台主要指的是以线下熟人为主要网络社交对象的平台，如腾讯推出的微信、QQ等都是用户群体非常庞大的熟人网络社交平台。当前我国熟人社交仍占据主流位置，通过熟人网络社交平台，用户可以通过好友私聊、群聊、朋友圈、状态设置、点赞、评论等众多功能进行线上较为即时的社交。在熟人社交上，社交双方往往较为熟悉，关系较为亲密，在朋友圈中的评论也有共同好友可见的设置。因此在正常的社交情况下，抬杠者多是通过开玩笑的方式来增强互动性和聊天中的娱乐性，调节气氛。有时也会通过"抬杠"的方式赞美对方，明杠暗赞。在群聊中，可能会出现陌生人社交。但是一方面，群聊多是基于共同的兴趣或者共同的好友而建立，杠精在群聊中会对自己的言语和行为更加小心；另一方面，群聊中时常会有第三人出现，缓解气氛。因此，杠文化在熟人社交网络中

---

1 龚睿,钟宇."杠"的词义发展及句法功能：兼论"杠精"的产生及其表达效果[J].湖北师范大学学报(哲学社会科学版),2020,40(3):1-6.

的传播，常以"幽默打趣"的形式出现，更多起到烘托社交气氛的作用。

陌生人网络社交平台指的是以网络陌生人为主要社交对象的平台，如微博、抖音等，其特点是传播范围广泛，传播内容多元化，多种传播形式并存。互联网、新媒体技术的发展使得网络的准入门槛降低，出现更多UGC，生产和传播的主体都更趋于平民化，网络社交平台的匿名性、开放性、低准入等特征都促进了杠文化通过多元途径进行广泛传播。

以微博为例，微博是基于用户关系的社交媒体平台，用户可以通过PC（家用电脑）、手机等多种终端接入，以文字、图片、视频等多媒体形式，实现信息的即时分享、传播互动。微博的2021年年报显示，2021年12月的月活跃用户为5.73亿，同比净增加约5200万用户。庞大的用户群体使得微博无疑成为当下最受欢迎的社交平台。在推出之际，微博的slogan是"随时随地发现新鲜事"，从中可以发现，微博致力于在时间、空间等维度促进信息的传播。因此，用户可以就任一信息进行观点的自由表达，杠文化可以通过发布微博、评论等多种形式得到传播。除此之外，如此庞大的用户群体和数以千万计的信息，容易让用户有眼花缭乱之感，关键信息很难被注意到。由此，微博设置了"榜单"的功能，分总榜、娱乐、时事等各个板块，对热点信息进行分流和突出。榜单的议程设置，能够极大地吸引用户的注意力，使用户对热榜上的信息给予更多的关注，从而为大规模的话题讨论提供更多元、更广泛的意见。在这个过程中，也不乏抬杠行为。一方面，在社会热点问题上，用户可以就问题本身抒发自己独特的见解，对事件内的人进行反驳，不同观点的碰撞，会让事件的多面性呈现出来，提供更全面的理解角度，促进舆论的生成和问题的解决；另一方面，用户可以在自己的兴趣板块和较为熟悉、了解的领域内抬杠，而这类抬杠行为往往能够积极促进用户对领域的深耕和了解。在算法的精准推荐之下，当用户越来越积极地参与某一话题的讨论时，其往往能够接收到更多有关该话题的信息和观点，由此也越来越容易受杠文化的影响，并通过自己的行为促进杠文化的传播。

后　记

　　确定选题的时候，我其实相当惶恐。作为一个从电视时代走来的老年网民，对新兴文化和Z世代网络群体，我总是没来由地畏惧，看不见摸不着的研究对象带来的压力总是在写作中如影随形。但我的好奇心也与日俱增：他们是谁？网络世界允诺的交流沟通为何无法实现有效对话？当代网络人又是如何表达自己的？为什么我们一边指责网络戾气肆虐，一边又忍不住吐槽这样或那样的内容？为什么杠精成为一种话术与策略？

　　1999年，桑斯坦的成果开了群体极化研究的先河。将所有网络乱象和个体机遇安在群体行为上显然是一种以偏概全。"杠精"作为一个抽象符号，承载的不仅有个人、情绪，还有权力话语、家国民族情怀、文化、社会，是多元化议题，是社交网络的放大作用下形成的群体力量的新出口。在中国这样广袤的大地上，以及互联网肥沃的土壤中，杠精呈现了群体研究的共通性，也渗透了中国文化的特殊语境，值得我们更为深入与沉浸地思考。

　　在2022年1月出版的《助推2.0》中，桑斯坦在这个议题上继续探讨了两个新问题：群体极化的迭代极化、极联和迭代会带来更加同质和极端的群体；刻意极化——职业极化者或极化促进者，出于政治或创造一个领域等目标刻意固化某种观点。这无疑告诉我们：去极化非常难，甚至呈现了新的复合趋势。随着网络场景、政策变迁等外在因素的异动，延时性的研究提示我们后续需要对特定的群体圈层进行更为深入的学术研究。

写作这本近距离观察年轻网民的册子《杠精的诞生：信息茧房与大众心理》时，我开始了解今天的年轻人文化与精神世界，了解他们的话语场域与抗争，这种玄妙的经历与心理路程非常值得记录。

这本书由我策划与主笔，同时邀请了年轻的同学参与写作，具体章节执笔如下：

自序　吴晓平

第一章　何谓"杠精"？　吴晓平

第二章　杠精缘何而起？　吴晓平

第三章　国内真的多杠精？！　吴晓平

第四章　我的全世界我来守护：饭圈粉丝杠精　王伊灵、郭诗伟、林可、吴晓平

第五章　真相、暴力、圈层、性别：社会议题融合　吴泸妫、吴晓平

第六章　以"杠"为名：青年人话语抗争　管笛伊、王巧琳、吴晓平

同时也要感谢赵希雅同学为本书的校对工作付出了大量时间与精力，以及洪佳颖、陈钱英、叶超等同学为本书的前期资料收集等做出的贡献。

在书中，我们简单回顾了"杠精"命名与"杠文化"的由来，梳理了相关的社会心态与中国语境的特殊性，呈现了杠精的媒介镜像，阐释了杠精在粉丝圈层、社会公共舆论议题中的多样化表现，以及青年人的话语表达策略。我们希望能用自己的学术热情、自己的文字，记录当下的网络生活，思考当代社会发展。